2010年住房城乡建设工作六项主要任务

——全国住房城乡建设工作会议暨住房城乡建设系统党风廉政、精神文明建设工作会议在北京召开

近日，全国住房城乡建设工作会议暨住房城乡建设系统党风廉政、精神文明建设工作会议在北京召开。

住房和城乡建设部党组书记、部长姜伟新在工作报告中总结了2009年住房城乡建设工作取得的进展和成绩，提出了2010年住房城乡建设工作的6项主要任务：进一步加强住房工作，重点是加快保障性住房建设和遏制部分城市商品房价格过高、过快上涨，促进人民群众住有所居；提高城乡规划水平，促进城镇化健康发展；继续推进建筑节能和城镇减排，提高发展质量和效益；加强市场监管，为住房城乡建设创造良好的市场环境；继续做好法规和建设标准完善及改革工作；继续加强党风廉政和精神文明以及作风建设。

关于市场监管，会议强调要继续加强房地产市场监管，下大力量整治捂盘惜售、囤积房源、哄抬房价、虚报售量、制造紧缺假象和假按揭、假销售等违法违规行为，加大查处和曝光力度。完善商品住房预售制度，加强房屋拆迁管理。坚持依法拆迁，细致做好工作。要引导群众以理性合法的方式表达利益诉求，切实把问题解决在基层和源头。

进一步规范建筑市场秩序，继续开展工程建设领域突出问题专项治理工作。进一步完善建筑市场准入制度，修订建筑业企业和工程勘察资质标准。强化对企业资质、个人注册执业资格的动态监管。推进建筑市场信用体系建设，加大对建筑市场违法违规行为的处罚力度。

各地要强化对保障性住房建设的质量监管，在保障性住房中全面推行分户验收制度。加强城市轨道交通等大型工程的施工安全和工程质量管理。对建筑施工安全开展以预防深基坑、高支模、脚手架和起重机械设备等事故为重点的专项治理。严肃查处工程质量安全事故。将建筑节能列入工程质量监管范围，严格执行。确保农村房屋建设质量安全。

姜伟新最后强调，2010年的工作任务很重，责任很大。要继续深入贯彻落实科学发观，把思想和行动统一到中央的决策部署上来，明确目标，制定措施，狠抓落实，为促进百姓住有所居和城乡建设事业科学发展做出新的贡献。

图书在版编目(CIP)数据

建造师 16/《建造师》编委会编. — 北京：中国建筑工业出版社，2009
ISBN 978-7-112-11609-6

Ⅰ.建…Ⅱ.建…Ⅲ.建造师—资格考核—自学参考资料 Ⅳ.TU

中国版本图书馆 CIP 数据核字(2009)第210939号

主　　编：李春敏
特邀编辑：杨智慧　魏智成　白　俊
发　　行：杨　杰

《建造师》编辑部
地址：北京百万庄中国建筑工业出版社
邮编：100037
电话：(010)68339774
传真：(010)68339774
E-mail：jzs_bjb@126.com
68339774@163.com

建造师 16
《建造师》编委会　编
*
中国建筑工业出版社出版、发行(北京西郊百万庄)
各地新华书店、建筑书店经销
北京朗曼新彩图文设计有限公司排版
世界知识印刷厂印刷
*
开本：787×1092毫米　1/16　印张：7½　字数：250千字
2009年12月第一版　2009年12月第一次印刷
定价：**15.00**元

ISBN 978-7-112-11609-6
(18867)

特别关注

企业管理

项目管理

成本管理

安全管理

案例分析

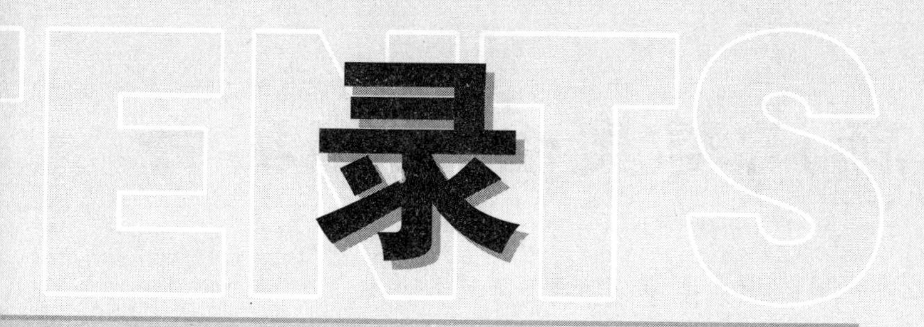

本社书籍可通过以下联系方法购买：
本社地址：北京西郊百万庄
邮政编码：100037
发行部电话：(010)58934816
传真：(010)68344279
邮购咨询电话：
(010)88369855或88369877

《建造师》顾问委员会及编委会

当前对外承包工程面临形势及政策建议

刘日红

（中国社会科学院，北京 100836）

2008年下半年以来，随着雷曼兄弟投资公司宣布破产，由美国次贷危机引发的全球性金融危机迅速波及全球，拖累世界经济陷入二战以来最严重衰退，国际投资、贸易活动急剧萎缩，中国对外承包工程面临新的外部形势。

国际经济出现复苏绿芽，可能经历较长时间低速增长过程。当前，在各国金融救援措施和经济刺激政策的作用下，国际金融和经济形势出现一些积极变化。主要表现在：市场信心开始恢复，美国、日本、中国香港、中国内地等主要股票市场从今年3月份起反弹幅度达到40%~70%。金融动荡结束，金融机构利润回升，流动性恢复，全球金融市场逐步复苏。经济刺激计划初见成效，二季度美国经济环比下降1%，比一季度的下降5.5%大幅收窄。德、法、日经济出现反弹，环比分别增长0.3%、0.3%和0.9%。全球贸易开始触底，据荷兰经济政策分析局数据，今年6月世界贸易量环比增长2.5%，为2008年7月以来最强劲增长。但总体上看，目前世界经济复苏主要体现在金融领域，实体经济指标仍然不容乐观。全球房地产市场仍处调整之中，国际金融领域还存在较大潜在风险，主要经济体债务负担上升，扩张性宏观政策的余地缩小，各方面不确定、不稳定因素仍然较多，世界经济复苏将是缓慢曲折的过程。28家国际咨询机构平均预测，2010年美、日、欧经济分别增长2.1%、0.4%、1.4%，至2012年提高到3.4%、1.6%、1.8%水平。

全球建筑业投资放缓，国际承包工程市场增速回落。进入新世纪以来，在世界经济复苏和发展中国家工业化、城镇化加速等因素的带动下，国际承包工程市场经历了快速增长。根据美国《工程新闻纪录(ENR)》统计，2007年全球最大225家国际承包商市场营业总额达到3 102.5亿美元，比2006年增长38.3%，新签合同额8 269.6亿美元，比2006年增长27.10%。但2008年以来，受国际金融危机影响，在全球性流动性紧缩的背景下，2008年全球建筑投资增长开始放缓。根据全球股赛（美国）公司(Global Insight)统计，2008年全球建筑支出增长率为3.8%，预计2009年将降至2%以下，为2002年以来的最低水平。

发达国家市场增长乏力，新兴国家市场前景看好。一直以来，欧洲、中东、亚太和美国是国际承包工程的主要市场。受国际金融危机冲击，主要市场急剧收缩。全球股赛公司预计，2009年美国市场将萎缩9%；欧洲基本上与去年持平；新兴国家正处在城镇化加速发展阶段，基础设施建设需求巨大，发展前景长期看好。中东产油国在上一轮油价飞涨中积累了大量资金，大型基础设施建设项目资金较有保证，石油和天然气管道、海水淡化、大型休假设施、城市改造等大项目仍在进行。亚洲特别是东亚国家虽然面临外需急剧萎缩、出口产业受到严重冲击的困难局面，但经济基本面比较稳固，财政资金充裕、外债负担小，金融系统由于开放步伐相对较慢，在此次危机中受冲击较小，特别是各国把应对金融危机冲击的短期政策措施和完善经济基础的长期战略结合起来，把加大重点基础设施项目建设作为政策着力点，投入大量资金，建筑市场逆势上扬。印度为实现本国2006~2015年间GDP增长不低于7.4%的目标，将在公共交通设施、电力、城市化、住宅、道路、港口、机场基础等领域投资5000亿美元。印度尼西亚推出了基础建设5年计划，计划2006~2010年在基础设施建设领域投资1 500亿美元。泰国从2005起开始推行“大项目投资计划”，此举使得整体建筑投资以每年超过20%的速度持续增长。由于同样原因，越南近年来在基础设施领域也投资了数百亿美元。

国际金融对我国经济发展也造成了严重冲击，但对外承包工程作为“走出去”战略的重要组成部分，作为我国开拓国际市场的重要手段，在国家各项政策支持下“逆市而上”，呈现出良好发展态势。2008年，我对外承包工程项目带动了350亿美元的国产设备出口和20万人次外派劳务。今年上半年，对外承包工程完成营业额321.8亿美元，同比增长52%；新签合同额646.2亿美元，同比增长38.1%。其中新签合同金额在5000万美元以上的项目226个（上年同期156个），合计518.2亿美元，占新签合同总额的80.2%。中石化工程建设公司承揽的伊朗霍尔木兹炼油厂项目合同额73.12亿美元，是迄今为止我国企业在建的最大对外承包工程项目。在行业分布上，新签合同额主要集中在房屋建筑业(20.5%)、石油化工业(19.2%)、交通运输业(18.6%)、电力工业(15.8%)。

目前，从外部环境看，出现一些有利于我的积极变化。一是危机发生以来，不少国家因经济陷入困境，流动性不足，对外来投资和国际融资需求有所增加，从而在一些领域放宽了投资限制，我投资或并购优质资产、先进技术机会增多。二是国际资产和能源资源价格大幅缩水，投资成本相对低廉，特别是一些拥有关键技术、研发人员、营销网络和营销团队等战略资产的企业的要价处于历史最低水平，谈判条件不断降低，使我国企业处于更加有利的投资地位。三是为应对金融危机，各国纷纷推出了经济刺激计划，其中发展中国家在基础设施建设领域加大投资力度；发达国家纷纷推出绿色新政，在环保节能、低碳经济以及品牌经营和商业网络等领域对外合作愿望强烈，这些都为加快对外投资合作创造了新的商机。四是在其他国家市场萎缩、复苏前景黯淡的情况下，我国市场仍在扩张，特别是随着我国政府经济刺激政策效应的逐渐显现，我国市场吸引力进一步增强，这为我国企业并购国外企业或成为国外企业的战略投资者带来了更多机会。

从内部条件看，企业加快推进对外承包工程也积累了一定基础。一是企业“走出去”实力提升。近年来，我国承包工程企业在质量、品牌、技术、管理等方面也开始拥有比较优势，在国内市场、国际市场上也开始与外商投资企业相抗衡，并逐步具备了国际竞争优势，特别是一些大型的承包工程企业，自身已具备了开展境外投资业务的实力，并且通过承建大型工程项目积累了丰富的行业经验，对产业链的上下游都比较熟悉。我国对外承包工程业务已经连续7年保持30%以上的增长速度，跨入世界工程承包大国行列。

二是保障机制和平台初步形成。在多哈谈判、与美欧日等高层对话，以及双边联委会机制中，我更加关注海外投资与经济合作议题。我国已与有关国家和地区签订了123个双边投资促进和保护协定、80多个避免双重征税协定、14项双边劳务合作协议。在管理和服务方面，国家有关部门出台《境外投资管理办法》，制定《企业境外经营行为规范》，发布《对外投资合作国别（地区）指南》、《国别贸易投资环境报告》、《对外投资国别产业导向目录》、《对外承包工程国别产业导向目录》、《国别投资经营障碍报告》，建成“对外投资合作信息服务系统”，为企业提供海外投资经营环境方面的信息。

三是国内建筑业有良好支撑作用。2007~2008年,我国建筑业在不断变化的市场中保持上行。2007年,建筑业产业规模继续扩大,全社会建筑业实现增加值14 014亿元,比上年增长12.6%,占全年国内生产总值246 619亿元的5.68%。2008年,我国建筑业实现增加值17 071亿元,比上年增加7.1%。目前,我国建筑企业生产规模大,对创新技术融合性强,能否充分发挥生产、管理、研发的规模经济和全球战略优势,对于我国建筑企业能否成为跨国公司非常重要。特别是在钢铁、水泥、玻璃等领域,国内市场呈现出相对饱和的态势,加快推进对外承包工程带动相关产业走出去,消化过剩产能,已经成为转变经济发展方式,提升对外开放水平的重要途径。

在国际金融危机形势下,继续推动有实力的企业"走出去",既是当前贯彻落实党中央、国务院"保增长、扩内需、调结构"战略部署的迫切需要,也是中长期统筹国内发展与对外开放的战略选择。当前形势下推进对外承包工程,要着重做好以下几个方面:一是坚持在利益博弈中互利共赢共同发展。"走出去"开展对外承包工程既涉及企业自身利益,更关乎国家形象,要讲究信誉,不能搞"一锤子买卖",要打阵地战。只有坚持互利共赢,在合作中让对方也能从中获益、有所发展,企业才能在当地站住脚跟、发展下去。要处理好"走出去"快速扩张与可持续发展的关系,规范经营,遵守所在国或地区的法律法规,尊重当地风俗习惯,依法经营、尊信守约;妥善处理好与所在国政府、社会和利益相关方的关系,主动履行社会责任,与当地和谐共处、共同发展。

二是坚持科学审慎的项目投资立项原则。海外投资项目规模大、周期长,涉及政治、法律、市场等多种风险,因此前期调研就显得尤为关键。特别是在当前国际金融危机还未见底、世界经济复苏还存在较大不确定性情况下,贸易投资保护主义抬头,部分国家宏观经济的脆弱性和金融风险依然存在,外部经济环境变数和不确定性依然较多,对外承包工程要保持健康发展,必须采取稳健、审慎的投资立项原则,在组织专业团队进行充分的项目跟踪、调研的基础上,认真分析和甄别项目的可行性以及最为合适的投资方式,避免盲从和跟风,提高项目成功率。

三是要注重开拓发展中国家和新兴市场。当前,多数发展中国家为了应对金融危机影响,尽快复苏本国经济,在基础建设领域都投入了大量资金,这对我国发展基础设施建设优势,开拓海外市场提供了重要机遇。我国企业应当充分利用我国和发展中国家政治关系良好、合作基础扎实等优势,加快进入发展中国家和新兴市场。对我国企业来说,加强与发展中国家合作,一方面可以利用对这些国家和区域的政治制度、经济形势、文化特点、法律法规、税收、环境保护等政策比较了解的优势,为开展基础设施建设打下信息基础,节省前期调研支出,降低风险;另一方面,有利于转移我国基础建设领域过剩产能,规避贸易投资保护主义,促进对外承包工程市场多元化,同时通过工程项目承包和投资的优势互补,使企业内部人力、设备等资源在该国得到充分利用,从而实现企业资源在境外的优化配置和高效使用,提升企业竞争力。

四是用足用好国家各种支持政策。近期以来,国家有关部门已陆续出台一系列配套措施,在政策支持、投资促进、指导服务、协调保障等方面出台了不少政策:在财税政策方面,先后建立了"对外经济技术合作专项资金"、"对外承包工程保函风险专项资金"、"优惠出口买方信贷"等一系列涉及财税、信贷、保险等多方面支持政策,帮助企业解决"走出去"过程中遇到的困难和问题。在投资促进方面,通过举办中国投资贸易洽谈会、中国—东盟博览会、中国哈尔滨国际贸易洽谈会、"走出去"国际研讨会、中国工程和技术展览会等多种形式的投资促进活动,为中外企业搭建交流与合作平台。在协调保障方面,利用多双边磋商机制,加强与东道国政府的交流,及时协调解决境外中资企业遇到的问题和困难,依法保护中国投资者和境外资产的合法权益,等等。企业要加强政策研究,充分利用国家鼓励"走出去"的各项优惠政策,既可以减少自有资金投入、降低投资风险,也能保证在项目发生意外时寻求政府的帮助和保护。

略论企业全面风险管理

王国新

(中凯国际工程有限责任公司，北京 100080)

自2008年下半年以来，由美国次贷危机引发的国际金融危机不断加剧并迅速向各经济体蔓延，给全球经济的发展带来了巨大的影响。风险管理是市场经济下企业管理最突出的特点，它是企业管理的纲，纲举目张。成本和技术只是决定快慢，而风险管理决定的是生死。因此，全面推进企业风险管理，是应对当前复杂多变的宏观经济形势的重要举措。我们需要全面分析和准确把握国际、国内经济发展的新趋势，密切关注国内宏观调控政策的新调整和新变化，深入分析汇率、利率、税率、原材料价格变化等因素对企业发展的影响，进一步增强风险意识、忧患意识、危机意识，借鉴国际、国内先进的公司治理和风险管理理念、方法和手段，加强风险防控工作，从而才能有效化解风险。

那么企业如何建立并实施全面风险管理体系呢？首先，需要建立健全风险管理组织体系，明确组织工作目标及其职责；其次，制订风险管理建设规划和阶段实施方案；成立项目组，分阶段对各级次、各业务板块、各项重要经营活动及其重要业务流程开展风险识别、风险评估，并制定风险应对策略，在此基础上编制全面风险管理手册，并下发执行；最后，通过后续的推广培训和执行监控增强公司各级人员的风险管理意识，纳入业绩考核使风险管理成为公司日常工作的一部分，从而实现公司经营目标。

一、建立健全风险管理组织体系，明确组织工作目标及其职责

1.建立健全和完善全面风险管理组织架构。在董事会(或总经理办公会)下设风险管理委员会，增设风险管理主管领导岗位，在委员会的领导下协调风险管理方面的日常工作。增设风险管理部，具体负责企业的全面风险管理工作。各职能部门的负责人是本部门的风险管理负责人，负责本部门风险管理工作；从业务部门中选派风险协调员一名，负责本部门与风险管理职能部门的协调、执行等日常工作。例如某国际公司风险管理组织架构如图1所示。

2.成立全面风险管理工作领导小组和工作小组。全面风险管理是一项牵扯面宽比较复杂的系统工程，涉及企业经营管理的全过程，组织、协调的工作量极大。为保证此项工作顺利进行，企业高层领导需要高度重视并成立推进全面风险管理的领导和工作小组。

领导小组是全面风险管理工作的领导机构，对全面风险管理的有效性负领导责任，其主要职责是确定全面风险管理的目标和主要任务；批准建立和完善包括风险管理委员会在内的风险管理组织体系；听取工作小组的工作汇报，审批工作小组风险管理工作计划，检查工作小组的工作；对工作小组提出的重要事项进行决策；提供推动全面风险管理工作所需要的资源。

工作小组的主要职责是：负责拟订全面风险管理工作计划并组织实施；负责组织全面风险管理理论和技术方法的培训；负责组织相关职能部门和分、子公司开展风险评估、制订全面风险管理解决方案，编制、修改、补充风险管理制度；负责检查全面风险管理工作进展情况，解决在推进风险管理工作中发生的问题；向领导小组汇报工作，并贯彻执行领导小组的决策事项。

3.明确全面风险管理的各自职责。董事会(或总

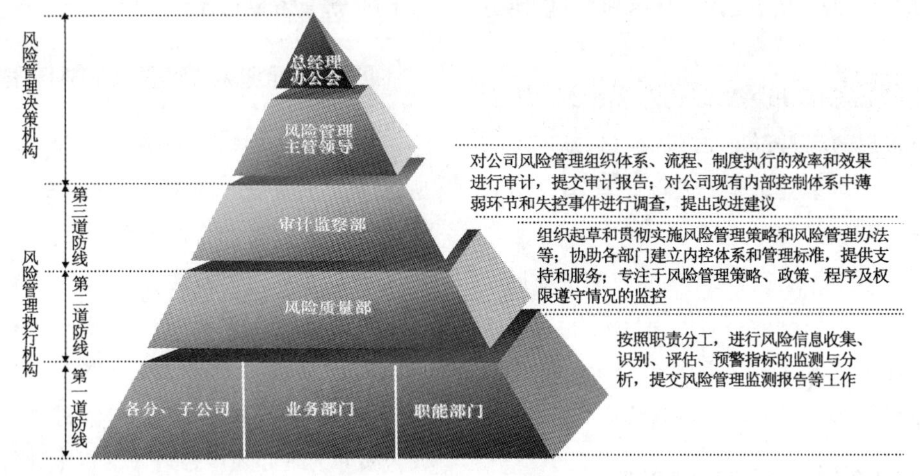

图1

经理办公会）对风险管理的结果负最终责任，具体履行以下职责：确定公司风险管理的总体目标、风险承受度，批准风险管理策略和重大风险管理解决方案；批准年度风险评估报告；批准风险管理机构的设置和职责方案；批准内部审计部门提交的风险管理专项审计报告；批准重大决策、重大风险、重大事件和重要业务流程的判断标准或判断机制；风险管理的其他重要事项。

——风险管理委员会。风险管理委员会对董事会（或总经理办公会）负责，确定公司的风险监控指标体系，定期审查风险管理部提交的风险管理报告，并向董事会提供专业建议。

——风险管理主管领导。对董事长或总经理负责，具体分管公司全面风险管理的日常工作，负责组织拟订企业风险管理组织机构设置及其职责方案，全面指导、协调公司的风险管理工作。

——风险管理部。搭建与公司发展战略、风险承受能力相匹配的风险管理制度体系；建立风险报告机制，定期向风险管理委员会提交风险管理工作报告；提出跨职能部门的重大决策、重大风险、重大事件和重要业务流程的判断标准或判断机制；组织实施风险管理系统建设；组织协调风险管理日常工作；组织推动风险文化建设，通过培训及向公司所有员工提供风险协助和建议，使风险管理成为公司日常工作的一部分；负责指导、监督有关职能部门以及全资、控股子公司开展风险管理工作；提出风险管理策略和跨职能部门的重大风险解决方案，并负责方案的组织实施和对该风险的日常监控；办理风险管理的其他工作。

——职能/业务部门。公司各职能部门在风险管理工作中，应接受风险管理部和内部审计部的组织、协调和监督，执行风险管理基本流程，建立健全本职能部门风险管理子系统，定期对职能部门的风险进行评估，并向风险管理部提交本部门的重大风险评估报告。

——风险协调员。公司各职能/业务部门应指派一名风险管理协调员，定期和风险管理部沟通，向风险管理部提供最新的与部门业务相关的风险信息，确保风险管理活动在本部门落实到位。

二、制订全面风险管理建设规划和实施方案

全面风险管理体系应按照“整体设计、试点先行、分步实施、突出重点、务求实效”的总体思路和原则，从上到下的顺序，分阶段、分步骤地有序进行，对此，不能急于求成。

本人参与的某国际工程公司制订的规划为三年，具体安排如下：

——第一年：建立一套符合自身特点、满足监管部门要求的全面风险管理体系框架，对于个别重大

风险,解决总部一两个流程的内控“落地”或解决方案制订。

——第二年:辅助相关部门建立KCS、KCSA和KRI,对风险管理的流程和制度进行细化;推广上一阶段工作,建设下属企业的全面风险管理,其他流程的内控“落地”或解决方案制订。

——第三年:整合总部与下属企业的全面风险管理体系,监督风险管理体系的运行与维护,并持续改进、优化;建立ERS(企业风险管理系统),采用信息化的方式进行管理,形成风险预警机制。

三、编制全面风险管理手册

企业需要成立项目组,分阶段对各级次、各业务板块、各项重要经营活动及其重要业务流程开展风险识别、风险评估,并制定风险应对策略,在此基础上编制《全面风险管理手册》,并下发执行。

搭建全面风险管理体系框架的一个重要结果文件就是《全面风险管理手册》,基本内容包括:前言、全面风险管理基础建设、风险辨识、风险评估、风险管控策略与解决方案、风险管理监督与改进规划、风险管理报告、全面风险管理绩效考核及相关附件。

《全面风险管理手册》旨在搭建全面风险管理的基础平台,明确风险管理组织、流程、职责与权限、工作方法等,提出建立从风险辨识、风险评估、风险应对、风险监控与改进、风险报告到风险管理考核的闭环体系,形成自下而上保障公司目标的实现,自上而下监督促进的风险管理文化,提升全员风险管理意识。

《全面风险管理手册》应结合企业试行的《内部控制手册》、《自我评估手册》,根据公司现有的组织架构,公司既定战略规划目标,参考国内外风险管理最佳实践和管理分析工具来编制,为中国企业全面风险管理工作的开展、风险管理体系和内控体系提升提供基本程序和方法。

为了使中国企业全面风险管理工作真正落地,应在《全面风险管理手册》的基础上编制《全面风险管理流程手册》、《全面风险管理信息系统使用手册》、《风险管理标准与管理措施》、《安全文化建设实施手册》等具有操作性的文件。

四、进行流程梳理,编制流程手册

进行流程梳理,制定流程目录。流程目录应满足:从风险管理报告的主要风险出发;涵盖监管要求规定的财务、运营和合规三个方面,特别是要充分考虑财政部《企业内部控制基本规范》的要求。

梳理后的流程应该包含完整的流程要素,包括流程描述、流程图、流程责任单位、流程目标、风险事项、风险控制点、控制活动、配套制度、控制文档等,成为实际管理必须严格遵守的规范和每年内部控制与风险管理有效评价的检查文档。在流程梳理的基础上,编制《流程管理手册》。流程管理目录应包括:前言、流程描述、目标设定、风险管理、信息与沟通、监督评价、生产经营管理、财务管理等内容。

五、完善全面风险管理信息系统

信息系统帮助管理层及时地了解企业各方面风险的信息,包括财务的和非财务的、内部的和外部的、定性的和定量的信息。这些信息是管理层进行风险管理必不可少的基础。构建和实施中国企业基于内控全面风险管理体系需要建立完善的企业信息系统。

根据全面风险管理的需要,结合企业信息系统现状,进一步制订有针对性的风险管理信息系统规划。具体包括风险管理流程和报告体系的有效运行,特别是连接子公司和公司总部的流程,需要信息系统的支持;根据重大风险指标体系,建立电子化的风险指标预警系统;对于需要信息系统支持的“落地”的内部控制系统,如投资决策流程,建立相应的内控信息系统等。

企业风险管理信息系统通过将信息技术应用于公司风险管理的各项工作,为公司提供一个风险信息采集、分析、共享的平台。其通过:提供风险信息采集模板,积累大量标准化的风险信息;集中管理风险信息,固化风险管理流程;实时监控风险,提供高效的信息化预警手段,提高风险管理的科学性和效率。

企业风险管理信息系统初步设想功能包括风险基础信息管理、风险评估、风险内控、风险内控审计、风险监控预警和风险报告。

六、纳入考核体系，增强执行力和推动持续改进

执行力的问题是企业管理中所面临的一个重大问题，再好的制度体系，如果不能很好地贯彻执行，如果不能持续改进，结果只能流于形式，全面风险管理建设同样面临这样的问题。因此，除了引入自我检查、自我改进的方法和机制外，纳入考核体系很重要。

全面风险管理考核对象为考核主体提供本年度全面风险管理相关资料，包括但不限于《XXX公司全面风险管理组织职能》、《XXX公司全面风险管理报告》、《XXX公司全面风险管理制度与流程》、《XXX公司内部控制流程》、《XXX公司全面风险管理信息系统》等。

以上所述，是对企业构建全面风险管理体系的初步研究与探索。

七、对全面风险管理的总体认识

1.全面风险管理是项系统工程。对我国企业特别是对国际工程承包企业来说，还是新生事物，在一定意义上讲也是一项庞大的系统工程。尽管一些企业正在建设或已经基本建成，但从整体上尚处于起步、建立、健全和完善阶段。结合我国国情来研究与探索，对提高我国企业的风险管理能力，实现可持续发展是十分有益的。当然，风险管理体系建设与其他体系的建设一样，只有起点没有终点，只有更好没有最好。中国企业将在内部控制的基础上，加速深化和强化全面风险管理体系，以确保中国企业战略目标的实现。

2.国际工程本身即充满风险。完全市场经济本身就是一个充满风险的市场，企业在市场经济环境中，在实施与执行项目的全过程中，追求收益的同时不可避免地会遇到各种风险、不可预见的各个层面上的风险，并作为主体承担着面临风险多元化的挑战。企业全面风险管理是通过一套严格控制程序、内部管理制度和程序及制度的有效履行，来识别、评估、监控、应对、控制风险，促使企业提前防范风险、超强化解风险、转移和规避风险给企业造成的损失和危害，把风险隐患降低和消除于萌芽状态中，确保企业的效益目标。

3.全面风险管理地位重要。全面风险管理是企业特别是工程承包企业的生命线。企业尤其是跨国公司，要生存求发展就要通过生产经营管理活动来创造价值，而企业的全面风险管理是要通过有效控制风险，最大限度地化解风险，促使企业不断改善企业经营的效率和效益(包括经济效益、社会效益和HSE效益等；创造利润能力增强、创现金流的能力增强、资产周转效率的提高、人工效率的提高、经营周期的缩短等)，以改善管理水平，提高企业创造价值的能力，从而达到自身为国家、为企业、为项目团队创造价值的目的。

4.提升企业素质，实施全面风险管理。提升企业全员素质，是实施企业全面风险管理的必要条件。就风险管理课题来说，应该在几个方面下功夫：一是，要求企业的成员，必须在贯彻落实科学发展观的旗帜下，树立全面风险管理理念；二是，通过学习、培训、交流、实战，培养、培育和储备企业的全面风险管理的专家、精英和风险管理的带头人；三是，建立、健全项目现场执行全面风险管理的团队，是一项重中之重的工作，只有决策层、管理层和执行层的认识统一化、措施有力化、行为一体化，才能保证达到全面风险管理任务的理想目标。

5.全面风险管理的长期性、艰苦性、动态性。企业全面风险管理是一项长期的、艰苦的、动态的管理行为，绝不是纸面上的、应付一时的、轻轻松松的事。而是扎扎实实、准准确确、注重过程管理的工作。企业的高层领导及主管领导肩负着风险管理的法律与经济责任，在这一点上，要求领导人有迫切感、使命感、责任感和强烈的“生于忧患，死于安乐”意识，真正把企业全面风险管理的愿景落到工作实处，化为一致行动，这一天就是我们企业和跨国公司所追求的利润最大化、效益最佳化的美好目标。

施工企业开展城市基础设施建设及风险防范探讨

邵金山

(中国建筑第七工程局有限公司，郑州 450004)

随着全球金融危机的全面爆发和对全球实体经济的进一步影响，保增长、扩内需是我国经济发展政策中至关紧要的措施之一。而加大城市基础设施建设投资力度，搞好民生工程建设又是拉动内需、增加经济增长的必由之路。作为施工企业，目前的形势对企业发展来说既是不可多得的发展机遇，同时也蕴涵着不小的潜在风险，本文针对现行的城建项目投融资运行模式在新市场经济形式下的弊端及施工企业参与城市基础设施建设风险进行剖析，同时探索改善现有模式的途径及做好施工企业投资城市基础设施建设风险防范进行探讨，为施工企业在这轮经济发展建设中起到一定的推动作用。

一、基础设施投融资基本模式的演进

(一)传统的基础设施投融资基本模式

在传统计划经济体制下，基础设施投融资资金来源于财政收入，政府既是投资主体，又是融资机制中融资和被融资的对象，基础设施建设的投资决策权和项目审批权高度集中在中央和省、市一级政府。政府是基础设施资金的供给者，无论基础设施建设规划和决策、基础设施建设资金的筹集与使用，以及项目建成后的管理与运营，均由政府统一包揽。

由于政府的可投资金有限，以及政府对地区基础设施建设的具体情况不够了解，对基础设施重要性的认识不足，导致了基础设施建设资金投入不足，基础设施服务水平和能力低下，一些重要的公共事业，如自来水、公共交通甚至被划为非生产性建设的次要地位，使社会生产受到一定影响。

(二)以政策性投融资公司为主体的基础设施投融资模式

20 世纪 90 年代以后，随着经济体制改革的不断深化，我国基础设施建设的投融资体制改革逐步展开。1997 年，国务院下发《关于投资体制近期改革方案》，各地区和大小城市纷纷组建了基础设施投融资公司。

按照项目区分理论，基础设施项目可划分为经营性项目、准经营性项目和公益性项目。三种项目的区分主要在于提供服务的有偿程度上，收费机制完善并且价格到位的项目就是经营性项目；拥有收费机制，但收费无法达到要求的项目是准经营性项目；

没有收费机制的项目就是公益性项目。经营性项目降低价格就可以转化为准经营性项目，准经营项目取消收费机制可转化为公益性项目，三种项目可以相互转化。

1.政府财政部门将现金、存量资产和增量投资注入政策性投融资公司，委托其对现金进行投资管理并经营基础设施资产。这些现金和资产包括国债资金、专项建设投资资金、存量基础设施资产、储备土地和施工过程中营业税、所得税等税收和一些费用的返还。政策性投融资公司通过投融资中介和金融机构获得政策性贷款、经营性转让、项目融资等途径扩大融资。

2.政府决定具体投资项目以后，政策性投融资公司提出具体项目方案，由政府相关部门决定最终采用的方案。在项目建设期间，投融资公司负责经营性项目、准经营性项目、公益性项目的具体投资和管理，政府建设主管部门对投融资公司进行监督和管理。

3.三类项目将项目收益上缴到政府财政部门，而投融资公司则通过政府财政部门的投资来偿还资本市场等融资的资本成本并进行增量投资。

政策性投融资公司提高了基础设施建设的融资能力和基础设施建设所筹集资金的使用效率，实现了政企分开，解决了基础设施建设事权和财权不统一的状况，在一定程度上起到了将政府从投融资具体行为中剥离出来的作用。它为政府从投融资活动的具体操作者向管理者的过渡提供了途径。在投融资公司的平台下，投融资主体的多元化和投融资行为的市场化有了实现的可能。

二、以政策性投融资公司为主体的基础设施投融资模式的弊端

通过上文的比较论述可以看出，尽管以政策性投融资公司为主体的基础设施投融资模式与传统投融资模式相比，有着显著的优越性，它仍然有弊端。

投融资公司缺乏投融资主体地位

我国目前的政策性投融资公司多为国有独资公司形式，政府是实际的投融资主体，同时又是投融资市场的管理者，而一个基础设施项目的建设又同时有多个政府部门参与决策与管理，因此，并没有真正意义上的风险与收益一体的投融资主体。政策性投融资公司只是充当了政府的出纳角色，只负责筹集资金和支付资金，缺乏对基础设施建设的全方位参与和管理。对基础设施建设项目没有建设前期的项目决策权，经营性项目收益和公益性项目支出都是由政府进行使用和调配，政策性投融资公司只是负责项目资金筹集和资金支付。

绝大多数政策性投融资公司在对项目进行投融资的流程是：政府主管部门进行项目决策，交投融资公司建设，建设过程由投融资公司具体管理，过程中遇到的融资、投资安排等问题由投融资公司提交方案，报请主管部门决策和实行资产调配，这就造成了政策性投融资公司权责的不统一和行为能力的不足，无法实现对经营性项目和公益性项目的资源的高效配置和调度。

三、基础设施投融资模式的改进

如何改善基础设施投融资模式，笔者认为，施工企业可以充分发挥自身优势，以融资建造为模式参与政府基础设施项目的投资，为充分发挥施工企业自身优势、降低投资风险、缩短资金回收期限，施工企业参与的基础设施项目，一般应以政府公益性项目为主，以BT方式开展融资建造。对经营性、准经营性项目，须采取EPC或BOT方式进行，此类项目由于资金回收周期较长，前期设计或过程经营中不确定因素较多，施工企业应谨慎进入。

施工企业参与投资建造是指由承包商利用其自身的专业优势和信誉优势，以投资与施工总承包相结合的方式，用自有资金或联合社会资金，投资建设项目发起人(政府)发起的项目，项目建成后由政府在未来年度以财政资金归还投资。投资人与承包商为项目投资建设的联合体，以交钥匙的方式承接项目总包业务，投资人负责项目投融资并成立项目公司，承包商负责项目建设并对工程进度、质量等全程负责，项目公司和承包商接受政府或政府委托机构的监督和管理，政府负责在未来年度安排财政资金归还投资。

通过投资建造合作方式，各地市政府可以转变城市经营发展理念，创新城市建设管理模式，加快城市建设进程，造福当地人民，提升城市整体运行能力；施工企业则开拓了市场份额，转变了发展模式，强化了区域发展理念，双(多)方达到合作共赢的目标。

四、施工企业参与基础设施BT项目建设与一般项目的差别

第一，从企业整体运营情况来看，与一般项目相比，BT项目可以扩大企业经营规模，巩固本土市场竞争地位，快速做大做强企业。从行业的市场容量来看，由于施工企业数量不断攀升，服务产品呈现出差异化需求的趋势，僧多粥少的局面已经充分显现，市场竞争日趋激励，工程的中标率呈逐年下降趋势。而随着政府部门融资能力的进一步减弱，寻求社会资本参与基础设施建设成为一种发展趋势，在经济发达的东南沿海地区采取BT融资模式，近年来涌现了不少成功的典范，如上海建工集团参与的延安中路高架干道西段项目，中建总公司在吉林市江湾大桥项目等。BT方式，不仅可以解决城市基础设施项目建设资金的瓶颈，也为大型国有企业，特别是施工总承包企业提供了资金经营拉动生产经营的市场舞台，即融投资带动总承包。

第二，从企业效益贡献来看，与一般项目相比，BT项目经济效益明显。目前一般招投标项目工程毛利在3%~5%，工程净利在2%左右，BT项目的工程建设毛利在15%~18%，为一般项目的4倍。

第三，从资本运作来看，与一般项目相比，BT项目可发挥资本运作优势，实现企业资产快速增值。在投资建设BT项目过程中，企业可以通过与战略伙伴构建投资平台，实现以1 500万元左右的自有资金启动10 000万元项目工程，实现2亿~3亿元招投标项目的工程利润，财务杠杆效应明显。

第四，从维护企业经济利益、实现对等话语权来看，与一般项目相比，BT项目具有得天独厚的优势。一般项目通常根据政府或相关部委的招标范本采取业主邀约形式，投标方往往处于被动地位，投标单位往往没有任何话语权，导致合同履行过程中可能失去投标方应有的经济利益。而承建BT项目，BT乙方可通过与BT甲方的对等谈判中，优化招标条件，以书面形式在真实合同文本中得以体现，如投资回报确认时点、额度、方式等，切实维护乙方在一般项目中难以实现的经济利益。

第五，从企业管理能力的培养来看，与一般项目相比，BT项目可提升企业综合管理能力，使企业逐步从单一施工生产实现向经营管理转型。企业最大的收获是其经营管理取得了跨越式发展，具体表现为：企业经营管理从生产经营型向资本经营与生产经营并重的方向转变，企业项目管理从作业管理型向经营管理型转变，企业综合管理能力有了很大提高，特别是投资、财务部门投、融资安排与工程施工组织计划的安排有了质的飞跃，全面提升了企业的综合管理水平。

五、施工企业参与基础设施投资建设风险评估与控制

从本企业通过投资建设的两个BT项目的情况来看，总体上都是非常成功的，总结上述项目成功的经验，我们认为细致的项目调研与事先的风险评估是项目成功的关键，具体包括以下方面：

(1) 区域经济风险评估。区域经济风险评估是BT项目风险评估的基础，具体包括：区域经济发展情况(GDP总量、财政可支配收入)、区域经济在全国、全省、全区所处位置、区域经济未来发展潜力、区域经济发展对相关产业的依存度等宏观分析。把握区域经济未来发展方向与动力，有利于企业从宏观高度控制投资风险。

(2)回购主体的风险评估。回购主体的风险评估是BT项目风险评估的重点，主要是深入考察与全面分析回购主体的资信、现实与未来的偿债能力、偿债来源、担保方式、担保单位偿债能力、抵押(质押物)变现能力等，规避企业现实投资可能存在的未来回购风险。

(3)企业后续融资能力风险评估。BT项目投资速度快于企业资产增长速度势必削弱企业后续融资

能力，企业后续融资能力的风险评估涉及企业资金链安全与企业可持续发展，这也是企业决定是否投资 BT 项目首先应作的自我评估。

六、投资建设BT项目应考虑的制约性因素及对策

根据本企业已投资项目的融资经验，综合分析当地政府财政能力及企业现实融资能力，投资 BT 项目企业应考虑以下制约因素，并应针对不同情况，采取不同对策。

(1)政府信用及财政支付能力。随着国家 4 万亿元投资拉动内需政策的影响，各地政府对基础设施及相关民生工程投资的热情高涨，纷纷出台投资计划，个别地方计划投资额度大大超过其财政承受能力，施工企业如盲目进入投资，将给 BT 项目款项的回收带来极大风险。为此，为防范政府信用和财政还款风险，在 BT 合同签订中，一是合同原则上与政府或其授权的相关单位或部门签订；二是所投资 BT 项目由当地财政出具列入预算并获得人大批准的决议；三是由当地商业银行对 BT 合同还款提供担保。

(2)企业资产规模与自身融资能力。一般企业资产规模不够，仅能通过企业自身间接融资，且融资能力十分有限。目前行业内中型施工企业，一般注册资本 6 000 万元，企业平均净资产在 8 000 万~10 000 万元，总资产规模在 50 000 万元左右，资产负债率在 80%~85%，经营活动现金收入在 8 亿~10 亿元，按银行风险评估标准来看，银行信用等级为 A 级(或 BBB 级)，企业间接融资能力最高为 10 000 万元，自身抗金融风险较弱，受国家宏观金融政策调控影响很大，如负债结构不合理，将对企业主业产生重大不利影响。净资产偏低、总资产规模过小、经营活动现金流不足是中小型企业投资 BT 项目的最大制约因素。反观行业内投资建设 BT 项目比较成功的企业，往往是融资渠道多样，既能通过银行间接融资，又能通过股市直接融资，与单一的间接融资相比，融资成本相对较低，融资渠道相对通畅，并逐步形成低融资成本资金→高收益 BT 项目→高收益→强融资能力→低融资成本的良性循环。

(3)构筑合适的投、融资平台。如上所述，如果企业仅仅依靠自身间接融资去搭建投、融资平台显然难以满足投资 BT 项目高投入的需要，而除此之外，企业缺少可以依靠的、具有相当规模的投、融资平台，这也是影响企业投资 BT 项目的制约性因素。针对此问题，施工企业可充分利用社会资本或集团控股企业资本以投资入股形式，或与国家开发银行，信托、保险公司等相关金融机构合作，建立战略合作伙伴关系，共同搭建具有一定规模的投、融资平台，平台在享有回购方投资回报的同时，施工企业可对建安费用作出适当让利，从而实现 BT 项目回购方、投资方、施工企业三方共赢。特别是加强与国家开发银行合作，积极跟踪参与国家开发投资建设的城市基础建设项目，通过采取对 BT 项目应收账款保理等业务，提前收回项目回购款。

(4)防止 BT 项目合同中存在不合理、不对称条款导致投资方的经济损失。在市场竞争日趋激烈的基础设施建设市场，政府处于绝对强势地位，施工企业的话语权十分有限，与一般项目相比，BT 项目投资方有了一定的话语权，得到了一定强化，BT 项目合同条款也作了针对性的修订，但仍然存在条款内容不合理或责任与利益不对等的霸王性条款。因此，对初次涉足BT 项目投资的施工企业(投资商)而言，在认真研读招标文件的基础上，应与政府或政府代表做好沟通、协调，尽可能在原则问题上强化投资方权益，防止洽谈过程不分孰重孰轻，导致项目合同条款明显的不合理或权益与责任不对称，一旦落实到合同文件，则给企业未来投资收益产生重大不利影响。

(5)积极争取地方政府对重点工程项目的政策扶持。根据《中华人民共和国企业所得税法》第二十七条第三款规定，“从事国家重点扶持的公共基础设施项目经营所得可免征、减征企业所得税”，BT 项目往往是各地方政府重大市政项目或民生项目，施工企业资本的投入无疑对项目的提前实施具有重大的推进作用，各地方政府往往会因此在税收方面作出适当让步，施工企业可在国家相关政策容许的情况下，寻求相关优惠或扶持，以减少企业税赋成本、资金成本，提高投资建设 BT 项目的综合收益。

工程总承包模式下人力资源管理初探

冯俊林

(北京住总集团有限责任公司工程总承包部，北京 100026)

随着工程建设市场逐渐与国际模式接轨，国内部分大型施工企业正大力开展工程总承包工作。人力资源是工程总承包公司的第一资源。本文结合住总集团工程总承包部人力资源管理工作实践，就工程总承包模式下，人力资源管理面临的各种问题，多方面进行了分析和探讨，提出了对策和建议，以供借鉴和参考。

一、施工总承包向工程总承包过渡人力资源管理面临的三大难题

工程总承包企业具有五个共同特点：一是业务领域广泛，涉及多个行业，具有较强的抗风险能力。二是具有EPC和项目管理的功能，业务范围涵盖工程项目建设的全过程，包括项目前期咨询、设计、采购、施工、项目管理服务。三是具有与EPC功能相适应的组织机构。四是具有较高水平的信息管理技术和计算机应用技术。表现在与研究机构合作，将专利技术转化为工艺设计和基础设计，形成较强的技术优势。五是具有很强的融资能力，在市场上竞争力很强。

企业的人力资源体系是支撑企业业务战略转型的重要组成部分。施工企业由施工总承包向工程总承包模式转变，必须构建配置合理、结构优化的人力资源支撑体系。但目前来看，施工企业高素质人才严重不足，专业技术带头人、项目负责人以及有技术、懂法律、会经营、通外语的复合型人才缺乏。尤其是具有高素质的、能按照国际通行项目管理模式、程序、标准进行项目管理，熟悉项目管理软件，能进行进度、质量、费用、材料、安全五大控制的复合型的高级项目管理人才更是缺乏。人力资源支撑体系与工程总承包要求的不匹配，主要体现在三个方面：

首先，人力资源的企业战略性高度与实际工作中边缘化地位不匹配。北京住总集团工程总承包部提出，经过五年的努力，把工程总承包部建设成为以房建施工总承包为主体，以专业承包为依托，具有国内同行业先进水平的工程总承包实体。目前，从工程总承包部的自身发展看，我们还存在着基础管理相对薄弱，管理手段缺乏创新，人力资源总体状况与工程总承包部发展需求尚有较大差距等亟待改善的问题。工程总承包企业作为"人合型"企业，没有人才企业也就没有生存力和发展后劲，而实现组织能力的培养和提升正是人力资源管理的重中之重的工作。因此，要始终把人才工作纳入到企业发展的总体战略中统筹考虑，着重突出其基础性、战略性、决定性地位。

其次，人力资源管理的功能要求与系统工作需求不匹配。人力资源管理是一个系统工程，通过选人、用人、育人、留人四个核心功能实现组织能力的提升，进而实现组织战略目标。人力资源管理从企业发展战略要求出发，以人力资源战略为统领，通过与组织架构、部门职能和岗位职责的有效衔接，在工作分析和工作设计的基础上，开展相关人员的选用，并匹配绩效和激励体系，以形成一个良性的互动系统。因此，不仅仅是人力资源系统选、用、育、留没有有机衔接，人力资源系统与内部管理的其他系统也必须做到紧密地衔接。

再次，人才的多样性需求和单一性供给的不匹配。员工是人力资源管理的聚焦点。如何能有效地满

足人才的需求，以充分调动他们的积极性，发挥他们的主观能动性，对于工程总承包企业而言显得尤为重要。员工的需求主要包括公司、工作、薪酬与生活方式三大方面，其中，价值和文化、职业发展与进步、富有挑战、差异化的报酬制度是员工最重要的需求。从目前来看，施工企业需求不匹配的单一供给，在较为资深的项目管理人才中已经失去了吸引力。如果这种情况没有得到有效改观，从长期看其必将制约员工的积极性和能动性，并且其负面影响将逐步放大。

二、施工总承包向工程总承包过渡过程中做好人力资源管理的对策和建议

上述人力资源管理存在三个方面的问题，影响和制约了企业发展的后劲。因此，我们在理念上要重视人力资源管理向管理实践上加强过渡，从局部性改善向整体性提升强化，从物质性激励向以物质为基础、结合深层次精神激励完善，从 7 个方面加以探索和完善，这是当前建筑施工企业人力资源管理亟须改善的问题。

1.创新人才工作理念

企业发展，人才为本。人才资源是企业发展的首要战略资源；人才资本是第一资本，开发人才资源是推进企业发展的第一动力，特别是在全球经济一体化和科学技术突飞猛进的今天，人才资源在企业核心竞争中越来越彰显出其决定性的意义。近年来，北京住总集团工程总承包部认真贯彻落实北京市、国资委和集团公司关于人才工作的重要指示精神，提出了“打造总部经济，加速职能转变”的企业战略构想。而要实现这个战略构想，人才是根本。因此，大力实施人才兴企战略，切实做好企业人才工作，搞好人才资源开发是促进企业全面、协调、可持续发展的必然要求；是我们从容应对日趋激烈的国内国际竞争，建设“新北京、新奥运”的必然要求。

观念决定思路，思路决定出路。随着北京住总集团工程总承包部的不断发展壮大，人才工作不断得到升华和提高，从“建楼育人”到“干一项工程、树一座丰碑”，从“办一流教育、育一流人才、建一流企业”到发展战略和人才发展分战略，我们始终把人才工作纳入到企业发展的总体战略中统筹考虑，统一安排部署，着重突出其基础性、战略性、决定性地位。切实做到在谋划发展的同时考虑人才需求，在制订规划的同时考虑人才保证，在研究政策的同时考虑人才导向，在部署工作的同时考虑人才措施。坚持“用事业造就人才，用文化凝聚人才，用机制激励人才，用制度保障人才”的人才强企理念，树立人力资源是第一资源的观念，以事业发展实现人才聚集，以人才聚集实现企业更大发展，树立全面、科学的人才观和用人观，高度重视人力资源开发，加强人力资源能力建设。

2.培养四支队伍

目前，北京市相关部门发挥行业协会和高等院校的作用，不断强化工程项目管理专业队伍的培训力度，重点是对国际通行模式的设计体制、程序、方法和管理等方面的培训，使工程总承包企业加速与国际通行模式接轨。结合企业特点，工程总承包部重点抓好四支队伍建设：培育具备职业经理人资格的企业经营者队伍；具有中高级专业技术职务的工程技术和经营管理人员为骨干的高素质管理队伍；具有一级建造师、一级项目经理和高级工程师“三位一体”的项目领军人物为主的职业化项目经理队伍；具有人员稳定、资信优良、管理健全、长期合作为标准的优秀专业承包和劳务分包队伍。我们计划到 2010 年，工程总承包自有职工人数控制在 600 人左右。40 岁以下的中青年职工占全体职工比例的 60%；管理人员占全体职工比例的 90%左右，均具有大专以上学历和相应职称，高级职称占管理人员的比例达到 10%，中级职称占管理人员的比例达到 30%；力争培养一批在行业内有知名度和影响力的专家型人物，“高学历、高职称、高资质、高素质”的项目经理和专业带头人要达到 60 名，着力培养一批以工人技师为带头人，具备中专学历或职业技能大专学历的操作层技术骨干队伍。

3.优化人才结构

“人才结构”是指人才在组织系统中的分布与配置组合，构成要素包括两个方面：人才结构的“质”与人才结构的“量”。我们将在留住用好现有人员的基础上，优化人才结构，实现各类人才数量合理、素质优良、结构优化，打造一支年轻化、专业化、知识化的高素质管理团队。一是适应产业结构布局和管理模式转变，人才结构上突出工程总承包企业的特点，每

年定向接收和引进不低于20名大学本科以上毕业生，通过"猎头公司"等途径，引进企业急需的关键岗位人才，优化管理人员的知识结构；二是着力培育一批技术中坚力量、技术带头人和青年技术人才，为培养企业"领军"人才队伍打下坚实基础；三是建立首席专家制度，建立关键岗位和紧缺人才库，实施青年后备人才制度，推行中层"双配"制度。

4.推进薪酬改革

薪酬制度改革是一个系统工程，没有相应配套的劳动、人事制度改革，单纯地进行分配制度改革是不可能实现的。考核是薪酬制度改革深入、持久的保证。健全考核组织、明确考核标准和考核程序以及与考核结果相挂钩的分配制度，是完善用人用工机制，提高培训效果，提升企业核心竞争力的有力保证。我们以劳动、人事、薪酬制度改革为重点，积极推进机制创新。加大分配制度改革力度，分配向有知识有贡献的人才倾斜。分配制度是经济社会最为有效的激励手段之一，也是企业组织变革、利益调整最为关键的环节。为适应集团快速发展的需要，我们从调整理顺之初就开始进行分配制度的调整，实行了由效益决定的企业经营者年薪制、对岗不对人的管理者岗薪制、项目效益决定收入的项目工薪制、工人计件工资制和特殊岗位谈判工资制5种分配方式，实行动态管理，一岗一薪，岗变薪变，强化了岗位职责意识。为让各单位创造性地发挥人力资源激励机制的作用。未来五年，适应工程总承包模式的要求，我们将重点在以下几个方面加强探索：一是创新人才流动机制，优化人力资源配置。建立公平、公正、公开的选拔任用和评价聘任的机制，逐步推进企业内部人才市场化、岗位职业化的新型用人机制。二是创新以能力与业绩为导向的岗位评价机制，优化绩效考核的程序和方法，量化考核指标，建立责任到人的指标考核体系和人才激励机制；建立主要领导述职制度，中层定期考核制度。三是创新人才培训机制，注重人才能力提升。强化在职在岗管理人员的继续教育和业务能力培训，提升人力资源的整体水平。四是创新人才分配机制。建立适应工程总承包体制的薪酬体系，用有效的激励和约束机制激发员工的积极性和创造力，最终形成尊重劳动、尊重知识、尊重人才、尊重创造、尊重贡献的企业环境。

5.构建人才市场

目前，大中型的工程总承包企业，由于人员和施工任务在各单位之间分布的不平衡，造成了有的项目部因施工任务较多却缺少技术人员，而有的项目部因为施工任务短缺人员闲置的局面，既不利于企业施工生产的规范管理，又造成了人力资源的浪费。我们探索和模拟社会人才市场的运行机制，经济技术管理人员均进入内部人才市场，项目部需用人员时，到人才市场招聘。企业内部人才市场的建立，改变了企业各单位之间人才不均衡、工程项目数量与管理人员数量不协调的现状，打破了人才条块分割状况，优化了人力资源配置，促进了人才合理流动，这是企业完善人力资源管理的一项举措。同时，也从根本上解决了直属项目部人员"来"的渠道和"退"的去路。

6.实行"绩效考核"

作为企业奖优罚劣的激励机制，项目绩效考核是直属项目部管理得以科学、高效、安全运转的重要保证，它对激励项目部管理人员创造性地开展工作，提高项目管理水平，具有非常重要的意义。在工程项目施工过程中，施工企业必须切实做好对其的绩效考核工作，考核的依据是"项目管理目标责任书"，考核的内容必须全面，考核的指标要定量与定性相结合，重点加强对工程质量、安全、进度、成本、效益以及项目资金使用等六个方面的有效监督、检查，及时准确地掌握施工项目的经济动态，对经考核全面完成或超额完成责任书承包内容的，要大张旗鼓地予以奖励，增加其"阳光收入"，对不能达到责任书要求或出现重大工作失误的，要按照企业管理制度及责任书相关条款，及时、坚决地予以处理，避免给企业留下工程质量安全隐患以及施工项目的利润流失。

7.加强劳务队伍建设

随着建筑市场竞争的不断加剧，施工企业都精简机构和人员，实行"两层分离"。在新的形势下，我们选择一些与之合作时间较长、实力强、业绩好、信誉高的分包商，成立企业内部劳务市场，各项目部须用劳务时，一律采用招标方式，到劳务市场择优自主选择。为保证劳务市场的公平和高效，企业要对劳务市场实行动态管理，随时吸纳好的作业队伍进入市场，同时，对信誉较差不能满足有关要求的，无论是自有队伍,还是外协队伍,一律清除出市场。着力发展了一批人员稳定、资信优良、制度健全、创优夺杯、长期合作为标准的优秀专业承包和作业层企业;培养建设一批自有的或关系稳定的高级技工队伍或质量监工队伍,发挥对劳务作业队伍的过程管理、技术指导、操作示范、质量监控的作用;我们还建立农民工工资兑付和外施队伍管理的长效机制,在当前和今后一个时期要努力实现农民工"六个有":即上岗有培训、劳动有合同、工资有保障、伤病有保险、维权有渠道、生产生活环境有改善,确保农民工共享改革发展成果。

三、施工总承包向工程总承包过渡过程中决策者要成为六者型领导

本文从人力资源管理体系构建,引进人才、使用人才和留住人才,人才培训、培养、开发以及企业如何营造和谐的人才生态环境等方面进行的总结,充分体现了想干事的人有机会、能干事的人有舞台、干成事的人有地位、有待遇的公司用人机制。作为总承包企业的决策层,要着力提升七种能力,即:资源开发能力、市场开拓能力、技术研发能力、管理控制能力、人才开发能力、文化建设能力、创新发展能力。努力成为"六者":

一要努力成为新思想、新观念的引导者。在全体员工中增强发展意识、责任意识、创新意识、经营意识、品牌意识。一是要牢固树立大发展小困难,小发展大困难,不发展最困难,坚持用发展的办法解决我们前进中的各种问题。二是牢固树立无事就是本事,摆平体现水平的观念,增强全员责任意识。三是牢固树立全面创新、全员创新、持续创新的意识。坚持工作要有新思路、实施要有新举措、解决问题要有新办法的观念,增强全员的创新意识。四是牢固树立适度规模、效益优先、科学发展的一系列观念,增强全员的经营意识。五是牢固树立"五为"原则,坚持诚信为本,信誉高于一切的观念,增加全员的品牌意识。"五为"就是为社会创造财富、为环境创造美景、为集团创造回报、为客户创造价值、为员工创造机会,承担应有的社会责任。这些观念更新,核心是解放思想,在项目经理个人承包、班子承包的问题上要解放思想。在推行"三公四能"动态用人和奖惩机制问题上要解放思想,"三公"是公开、公平、公正,"四能"是能上能下、能进能出、能奖能罚、能升能降。在分包协力队伍的培养提高、实现双赢发展上要解放思想。要在人才的培养、加大培训教育投入的问题上解放思想,这是总承包部实现可持续发展的关键。二要努力成为企业品牌的塑造者。树立党群工作也是生产力的观点,瞄准行业的先进水平,注重策划,指导实践,总结经验,推出总承包部标志性、代表性的先进典型,要加强各种载体建设,提升市场美誉度,增强企业影响力,塑造企业品牌信誉。三要努力成为和谐企业的构建者。加强和改进思想政治工作,有两个主要目标:让领导更有魅力;让企业有更强的凝聚力。实现这两个目标,两级党组织要在贴近上想办法,在服务上下功夫,在渗透上花力气。要确立和谐的理念,培育和谐的思维方式,形成和谐的行为规范;要把社会责任体系认证摆上日程。四是努力成文企业文化培育者。根据《北京住总集团企业文化建设规划》,我们编制了《总承包部企业文化建设实施意见》,对承包部文化建设全面规划。五是努力成为生产经营管理工作的参与者。要围绕经营办实事,破解难题出实招。融入中心就是要在思想上融入,在工作上融入,在制度上融入,将本单位经营业绩工作作为项目管理考核评价的重要依据,把传统的"三会一课"变成学习理论、研究工作、解决问题的有效载体,不断增强总揽全局、研究发展、指挥协调、参与决策的能力与水平。六是努力成为员工合法权益的维护者。坚持以人为本,就是要坚持全心全意依靠职工办企业的思想,遵循大多数原则作为我们想问题办事情的出发点和落脚点,为促进职工素质的全面发展营造良好的环境。要坚持公平、公正、公开的原则,为职工办实事、解难事、做好事,实现共谋、共创、共建、共享。

实践表明,企业发展壮大离不开人才队伍的建设,而人才队伍的建设又是企业可持续发展的关键。只有以人为本,落实科学发展观,不断创新人才工作机制,创新人才制度建设,不断优化人才结构,塑造新型的人才队伍,实施人才兴企、人才强企战略,企业才有可能在激烈的市场竞争中站稳脚跟,适应工程总承包模式的需要,不断做强做大。

浅议业主指定分包商的管理

胡昌元

(中国建筑第七工程局有限公司华北公司，北京 100124)

摘 要:随着工程规模、使用功能的不断提高,作为总承包商,施工管理的项目都会面对越来越多的业主指定分包商,如何对其进行有效管理,将关系到项目的成败。本文从对业主指定分包商管理的必要性、如何对业主指定分包商进行有效管理,以及如何防范业主指定分包的管理风险等方面对指定分包的管理进行了阐述，重点强调业主指定分包商应该等同于总包自身的分包商,从质量、安全、进度、现场等方面全面纳入总包的管理范畴,同时也分析了指定分包存在的管理风险,以及作为总承包商的风险防范措施。

随着社会的进步,建筑产品也由传统的“土木”建筑向钢筋混凝土结构、钢结构等发展,由单层、多层房屋向高层、超高层房屋发展,建筑物结构越来越复杂,功能越来越多,建筑物也由单纯居住、遮风蔽雨转为满足人们的多种需求。

由于现代建筑功能越来越强大，职能越来越专业、越细化,作为传统的总承包企业,其职能不可能涵盖每一方面,同时也没有必要面面俱到,否则不利于企业核心竞争力的培育。作为总承包企业,其核心功能应在整个项目的组织/策划、各种资源的整合、对项目相关方进行全面的管理/协调。也基于上述原因，业主对专业性极强或政府垄断性强的专项工程(如电梯、绿化工程、景观照明、市政管网等)实行直接发包,同时,对部分因总承包商技术力量不足、施工经验缺乏、与其他分项工程施工联系不太紧密的专业工程另行分包给专业公司,减少中间管理环节。业主对于特殊专业实行指定分包，这样更有利于工程的顺利进展，节约投资、降低成本,有利于交工后的使用、服务、维修、保养等。

业主通过招标或议标选定指定分包商后，大多由总包单位与该分包商签订分包合同。分包商对总承包商负责,总承包商对业主负责。由总承包商对指定分包商进行协调和管理，该分包标段的工程款的支付既有通过总承包商支付的，也有业主直接支付的,业主具有分包商的选定权,总包单位对指定分包商的管理方式同总包单位自己选定的分包商。虽然指定分包商在工程款的支付上较普通的分包商更有保证,但是由于在我国法律还不完善,建筑市场还不是很规范，指定分包商往往更愿意直接与业主签订合同,而这样业主也可以得到较低的报价,这虽然变成了独立承包的模式，但大多数业主还是要求总包将其纳入分包管理的范畴。

一、对业主指定分包商管理的必要性

1.从管理责任、必要性角度考虑

总承包企业是整个项目的管理主体,掌握着现场的大部分非实体性资源(如施工用水、电,施工现场用地，施工作业面，垂直运输机械等），负责协调各专业、各分包商之间的关系，对整个项目的实施、进展及交付使用全面负责。

在进度方面，作为业主更多地关注整个工程交付使用的时间，总承包商与业主签订的总承包合同中，均明确整个工程合同工期及交工时间，包括完成由业主指定分包商承担的工作内容。业主指定分包商的施工进度直接或间接地影响到整个工程的进度，进而影响到整个工程合同工期的实现。为实现业主的目标工期，作为总承包单位，必须统筹安排、协调各分项工程施工关系，确保其阶段和分项进度目标。

在质量方面，最终实现的工程质量体现在整个单位工程的质量等级，要做出一合格工程或优质工程，必须所有的分部分项工程达到相应的质量标准，否则，会影响到工程创优，甚至影响到合格工程的实现；为此，指定分包项目的质量管理必须纳入工程总体质量管理规划中，并强化过程控制，以实现最终的质量目标。

在安全方面，作为总承包单位，对施工现场的安全负全责，凡进入施工现场的人员、物资，总承包企业具有不可推脱的安全管理责任，为此必须确保进入施工现场的人的行为是安全的、物的状态是安全的。加强对进场分包商的安全管理，是确保整个施工现场平安的必要保障。

在文明施工方面，施工现场的文明程度是反映施工企业管理水平的一面镜子，是施工企业展示良好管理水平、管理风采的窗口，而这面“镜子”、这个“窗口”体现的是总承包商的社会形象。施工现场涉及所有入场施工队伍场地材料堆放、施工作业面的工完料清等，做好进场分包商的管理，有利于维持现场的文明施工。

2.从义务角度考虑

一般在总承包合同中，考虑到总承包方的配合、服务、管理需要及资源投入，业主均给予总承包商一定的配合费，作为对分包商及其施工项目的管理费用，并且在总承包合同中均有明示的管理、配合之义务，因此总承包商有义务对业主指定的分包商进行管理，以促进整个工程的进展。

二、如何对业主指定的分包商进行有效管理

搞好对业主指定分包商的管理，关系到整个项目的成败，因此必须强化业主指定分包的管理工作。提高分包管理水平、管理效率，应做好以下几方面工作。

1.应树立总包责任管理的意识，树立总包为分包服务的观念

首先，作为总包单位，应树立强烈的总包责任意识，应了解总承包商对整个工程及施工现场的管理责任，并将该意识贯彻到每一个员工心中，只有这样，才能很好地完成整个合同。一定要杜绝分包是由业主直接选定、出现问题与我无关的错误意识，甚至有意为难分包的行为发生。

其次，作为整个工程的主要组织者，作为整个现场资源的主要调配者，不但要做好现场计划、控制工作，更应做好服务工作，为分包项目提供良好的施工条件和环境，促进分包项目良性发展。服务工作包括技术服务、提供施工场地、提供施工工作面、配合管理等。

2.提早插入，加强总分包之间的了解

选择好的分包商，将减少施工过程中的管理难度，提高施工进度、质量等。作为总承包方，不能认为分包商的选择是业主的事，与己无关，而应积极参与到分包队伍的考察、选择中，发挥总承包商丰富的项目管理经验，给业主做好参谋、提供好的建议，并参与决策。通过提前插入，既可对分包队伍的选择起到积极的作用，同时，通过参与施工队伍的选择，可提前了解分包队伍的状况，加深对分包队伍的认识，加强总分包之间的了解，减少总分包商的磨合时间。

3.把好分包的进门关，做好前期各项准备工作

为了保证对分包进行有效管理，必须做好分包进场前的各项准备工作。

作为总包方，分包进场前，应做好以下工作：进行项目管理目标交底、进行管理制度交底、进行项目部管理机构交底、进行安全交底、进行现场交底，并做好对口管理人员交底，提供总的施工进度计划。

作为分包商，应提供企业营业执照、资质证书、主要管理人员上岗证等，并提出合情合理的条件、要求。

进场前，除了以上工作外，双方应商定建立联系、沟通的方式、渠道等，签订安全管理协议、质量管理协议、环境保护协议、现场文明施工协议、消防保卫协议、用水用电协议等，通过协议明确总分包双方的责权利，通过协议体现总包的管理，通过协议强化对分包的管理。进场前，总分包主要管理人员应举行见面会，进行面对面沟通。

4.做好施工过程的服务工作，为分包提供良好的施工环境

业主指定分包承担的分项工程一般为专业性极强的项目，无论在技术管理上还是经验上，分承包方多优于总承包方，但是，总承包商均为大型企业，大局观念强，管理经验丰富，能够从项目的总体利益考量，能够综合平衡各项设定目标；同时，总承包方负责整个现场的管理，掌握着场地、水电、社会等极多资源，能对现场的大部分资源进行调配。

作为总包方，及时提供施工条件、施工场地、施工资源(如水电、运输工具等)，及时解决技术问题，做好服务工作，能够更好地融洽总分包的关系，有利于分包项目的顺利进展，有利于整个项目的进展。

5.做好现场协调、沟通工作

施工现场的工作千头万绪，施工分项多(有的项目多达上千个)，参与施工企业多，作业面广，施工环境复杂，不同阶段、不同时间其环境变化大，各分项、各工序、各专业之间紧密相关，一个方面、一个环节出现问题，将影响到其他分项，乃至整个工程的进展。

对于众多施工企业参加的项目，做好现场协调工作关系到工程是否能够顺利实施。首先，应将整个项目的各个方面，包括分项工程、参与施工的分包商等作为一个有机的整体进行综合考虑、管理，在这个有机整体中，任何一方产生矛盾，都将影响到其他方面。其次，做好组织协调工作，应明确分工，尤其是做好总包的对口管理分工，避免多头或无人管理，且根据工作性质、分包队伍的多少，安排适当的人选，如安装方面的指定分包应安排安装工长作为协调人。再次，应根据各指定分包的专业特点、综合素质、工作作风等，选择合适的协调、沟通方式，可选择口头协商、书面协商、生产例会、专题会议等方式，通过合适的协商、沟通，解决施工生产过程中出现的问题，制订解决问题的措施。

6.用合适的手段争取分包控制权

只有对分包商有一定的控制权，方可实施有效管理，否则，对其管理将会遇到较大阻力。总承包商可利用合同的相关条款，以保证质量目标、工期目标等为理由，争取工程款审批权、结算审批权等，利用这些有效权力对分包商进行有效管理。

通常情况下，总承包商的合同金额中包含了全部或部分业主指定分包项目的工程量，而履约保函是以总承包合同的金额为基数的，为此可要求分包商给总包商提供相应的履约保函，借此可加强对分包商履约能力的监督，提高其良好履约的自觉性。

总承包商也可根据管理需要，对质量、安全、文明施工、环境保护等专项工作收取一定的保证金，通过用其支付罚款、支付代工等手段，强化分包的管理。

三、对业主指定分包的风险管理

指定分包人虽为发包人指定，但其属性仍然是分包人，因此一般情况下总包人仍需就总承包范围内的全部工程(包括指定分包工程)向发包人承担全部责任。

由于业主指定分包商是由业主选择，且部分与业主签订合同，由业主直接支付工程款，因此总承包方对其可控度较低，存在的管理风险极大，主要体现在：

(1)因为垄断经营，或者其他原因，可能造成选择的分包商整体实力不强，从而产生技术风险。

(2)因为总包方专业管理经验的缺乏，或者对分包方管理力度不强，极有可能造成分项工程的质量缺陷，从而影响到整个工程的质量等级，存在较大的质量管理风险。

(3)安全事故的突发性极强，对现场、企业的声誉影响极大，由于很多专业分包为小型公司，安全管理知识、安全管理意识淡薄，细部的安全管理措施不到位，因此安全管理风险极大。

(4)目前，有关分包工程结算、民工工资支付等方面的纠纷事件越来越多，围堵工地、悬挂讨薪横幅，甚至非法游行等极端事件经常发生，这势必对项目、企业在社会上产生极大的负面影响，这也是目前分包管理面临的管理风险。

规避分包管理风险,首先应从合同方面明确各自的义务,明确各自的责任;其次,通过强化管理,减少风险发生的几率,降低风险的危害;再次,应经常对风险进行检讨,确保风险可识、可控,并对出现的风险制订、落实改进措施。

实践中,指定分包人之所以成为指定分包人,通常是因为与发包人关系较为密切,特别是发包人直接向指定分包人付款的情形下,总承包人与指定分包人之间的关系,一般没有总承包人与自有分包人之间相处得那样顺畅,无形中增加了总承包人的管理难度,并承担了更多的责任和风险。对指定分包的风险防控大致可从以下几个方面入手:

(1)建议业主应在招投标阶段将指定分包内容明确化,业主招标文件不明确时应及时提出咨询。应在总承包合同条款中详细约定指定分包工程的具体内容,明确承、发包双方的权利、义务和相关费用的收取方法。

(2)总包合同中,总包承包范围、工程工期等方面尽可能约定不包含指定分包工程内容。

(3)作为总承包人,应尽量避免与指定分包人签订指定分包合同,争取使发包人与指定分包人直接签订指定分包合同,使指定分包工程变为总包合同外工程。

(4)若必须与指定分包人签订指定分包合同的,争取签订包括发包人、指定分包人在内的三方协议,约定总承包人仅履行总包管理之责,付款义务在发包人一方。

(5)明确约定,应付给指定分包人的资金(工程款)必须先进入总包账户之后再付给指定分包人,力戒发包人直接付款给指定分包人,同时可要求指定分包人提供履约保证金或履约保函。

(6)在指定分包工程的工程款经过总包账户的情形下,指定分包合同中还可明确约定,总承包人支付指定分包人工程款应以总承包人收到发包人的该部分工程款为前提条件,若指定分包人在不具备该前提条件的情况下,以任何形式向总承包人主张工程款均视为违约,应承担一定数额的违约金。

(7)应保存好施工过程中与指定分包人之间的往来函件、签证、会议纪要等原始书面的证据资料。

抓好业主指定分包的管理工作,是一个系统工程,所有相关方(如业主、监理方等)均应积极参与,所有管理方面均应强化,只有这样,才能真正把分承包方及分包项目管理到位,从而促进整个项目的良好开展和取得好的成果。

(上接第75页)

焊接连接的接头范围内,不需要设置箍筋的加密构造措施;(4)当受压钢筋的直径大于25mm时,除按规定在搭接长度范围内设置加密箍筋外,还应在搭接接头的两个端面外100mm内各设置两个箍筋。

14.在有抗震设防要求的砌体结构中,楼梯间或门厅会设置长度较大的梁,这样的梁在砌体上的搁置长度为多少?

由于采用“平法”绘制施工图给设计人员带来了很大的方便,因此在砌体结构中很多的设计人员对钢筋混凝土构件也采用此种方法来表示,但是因没有标准构造节点的详图,使施工时很难确定像楼梯间或门厅大梁这样的构件在支座处的构造措施,在通常的情况下,施工图设计文件应该注明或绘制详图节点规定此处的做法。在地震区这样的建筑,门厅和楼梯间作为地震时的疏散通道,更应该保证该部位的安全,在大震时不倒塌。对震害的调查表明,在地震作用的影响下,楼梯间受力比较复杂,因没有严格地按规范要求设计和施工,使楼梯间的破坏非常严重。因此需要提高砌体楼梯间的构造措施,特别是当大梁的支座墙体是阳角时更为不安全,此处的大梁在砌体支座处应有足够的支承长度和可靠的构造措施。原《建筑抗震设计规范》仅对8度和9度时,楼梯间和门厅阳角大梁的支承长度和连接,作出非强制性的规定。2008年版的《建筑抗震设计规范》已把此条作为新增强制性条文加以规定,不仅是在8度和9度区,所有的地震区都应按此规定执行。(1)楼梯间及门厅内墙阳角的大梁在支座上的支承长度不应小于500mm;(2)此处的大梁应与圈梁可靠地连接。

建筑施工企业项目精细化管理探讨

张文格

(中建一局集团第五建筑有限公司，北京 100024)

摘 要:加强管理是企业发展永恒的主题,而项目是建筑施工企业的成本中心,因此项目管理又是企业管理的核心。随着行业竞争的不断加剧,零利润低价中标的规则,企业间的竞争必然要转向内部潜力的挖掘,使得精耕细作将成为企业生存和发展的基本条件,精细化管理是企业实现又好又快发展,增强整体竞争实力的必由之路。作为建筑施工企业,必须结合企业的实际,充分进行行业竞争分析和企业资源分析与能力分析,树立科学的发展观,合理地调动企业的结构和分配企业的全部资源,要从人员、投标决策、项目前期策划、总部服务、施工全过程、项目成本以及工程保修服务等七个方面做到精细化管理,从而使企业获得竞争优势,确保企业战略目标的实现。

物竞天择，适者生存。随着行业竞争的不断加剧,零利润低价中标的规则,市场机会给企业所带来的利润空间会越来越小，企业间的竞争必然要转向内部潜力的挖掘，使得精耕细作将成为企业生存和发展的基本条件，精细化管理是创造企业利润的可靠源泉,是企业实现又好又快发展,增强整体竞争实力的必由之路,也是建筑施工行业发展的必然规律。

精细化是一种理念,也是一种文化。最早发源于20世纪50年代的日本,它是社会分工的精细化以及服务质量精细化对现代管理的必然要求。作为建筑施工企业,实行精细化管理,就是落实管理责任,精确定位、合理分工、细化目标、量化考核,使各项管理工作都能够做到精确、高效、协同和持续运行。

一、项目精细化管理的目标和意义

1.项目精细化管理的必要性

企业是利润中心，但建筑施工企业利润来自于每个工程项目,因此项目是公司的成本中心,项目管理是企业管理的基础,也是企业效益和信誉的基础,只有将项目管理好了,有了效益,企业才能有效益。而项目管理的核心就是项目内部的精细化管理。

项目精细化管理理念的提出,是市场经济体制还不完善,建筑市场僧多粥少,竞争日趋激烈,显性效益渐近零点的客观现实所决定的。推行和落实项目精细化管理,不是一蹴而就的事情,换言之,由认识到行为需要有一个过程。这个过程的长短,是由企业在市场竞争中所受挫折的大小或多少决定的。就一个企业来讲,如果粗放式管理能维持企业的生存,甚至还小有发展,就不会下大力气去推行精细化管理。项目亦然。

总之，精细化管理是现代企业管理发展的趋势,是一种理念和文化。在当前的建筑市场形势下,项目不实行精细化管理,就不能创造良好的经济效益和社会信誉,最终造成企业无法健康发展,更谈

不上壮大。

2.项目精细化管理的目标

项目精细化管理，就是按照系统论的观点，通过规则的系统化和细化，运用程序化、标准化、数据化和信息化的手段，对涉及工程的各种因素实施全过程严格的无缝隙管理，严格遵守技术规范和操作规程，优化各工序施工工艺，克服各个细节质量缺陷，形成一环扣一环的管理链，使组织管理各单元精确、高效、协同和持续运行，从而实现对整个项目规范化、流程化和精细化的全方位管理的一种先进管理方式。

实施工程项目管理精细化的最终目的是要建立一套科学合理的项目管理机制，提升项目的整体执行力，提高项目实施质量，有效控制工程进度和资金的使用，有效地提高企业项目运营管理能力，创造精品工程。这里的精品工程不但是质量概念上的精品，还包括安全、进度等管理的有序，甚至包括最后的效益。

二、项目精细化管理的主要内容

1.意识系统化。要有全局意识和大局意识，兼顾企业长远利益与眼前利益，以提升管理效率为目的进行流程的标准化、规范化完善。同时，坚持持续改进、不断创新。

2.工作细化。要科学、精确地定位，突出工作重点，合理设定工作目标，制订详细计划，把管理目标层层分解，每一项工作落实到人，专项工作专人负责，管理过程“精、细、严、准、实”，执行讲究标准化、规范化、程序化；提高执行力度，做到每天每周每月按计划安排开展工作，按规章制度严格执行；要分析和认识事物的本质，了解发生事情的原因，及时采取有针对性的措施。实现工程项目管理安全、质量、进度、费用的四统一。

(1)职能和岗位划分要细化。制定和实行岗位责任制(包括管理责任制和安全生产责任制等)，力求做到最细、最健全、权责划分明确到位。

(2)目标的分解和落实要细化。要求制定的每一个战略、决策、目标、任务、计划、指令都层层分解，逐条联系，具体落实到人头，有利于实施和考核。

(3)制度编制和实施要细化。要形成一套既体现出精细化内涵，又切合安全生产特点的制度，以制度为保证，以制度抓考核，以制度促激励。

(4)考核开展要细化。考核做到定量准确、考核及时、奖惩兑现。

3.工作量化。必须用量化的指标去衡量和检验工作目标与计划。量化指标一定要落实责任人和完成周期，落实检查和考核。

4.业务优化。优化资源配置、优化工作流程、优化生产技术、优化监督考核，确立降本优化的指标。

三、项目人员管理精细化

1.管理的核心因素和具体执行者是人，因此，要强化员工的业务能力培养和执行意识培养。要在全公司范围内合理配备人力资源，总部各部门要不断细化工作标准，明确工作要求，项目每位员工要求从细节做起，分工明确，责任清晰，从而最大程度地发挥每位员工在各自岗位的能力。

2.民主管理，以理服人。现代管理学认为，科学化管理有三个层次，第一个层次是规范化，第二个层次是精细化，第三个层次是个性化。人员管理精细化最后达到的效果就是员工从接受管理，到参与管理，升华到自我管理。

3.要提高管理人员的业务能力和综合管理水平，公司要强化业务培训，项目要结合项目特点，可以采取以师带徒、现场区域管理一体化等措施提高管理人员能力。

四、投标决策精细化

1.投标决策精细化的重点是加强投标前的风险决策分析。对于每个投标项目，公司都应该有多个相关部门进行投标评审，做到吃透招标要求及合同条件，分析招标文件是否存在不平等条约和陷阱，以及过程中种种可能因市场变化而带来的其他风险，如价格风险、合同生效风险、工期风险等能否发生，科学地预测盈亏风险。

2.投标决策精细化的基础是要企业有自己的定额。企业要根据自身的管理能力和历史管理水平，编制出适合自己特点的定额，特别是要有非实体性消耗指标数据库和专业分包成本数据库，这样才能做到在投标之初就对该项目的收益做到心中有数。

五、项目前期策划精细化

1.单项工程中标后,要由相应职能部门组织对项目经理部主要员工进行投标报价及合同交底。

2.项目正式施工前,公司相关职能部门要对项目管理全过程进行谋划、统筹和安排,比如,包括项目经理部的组建、机构设置、人力资源配置、专业和劳务承包方及物资分供方的选择、项目目标管理指标和经营成果的设定和测算,重要的施工技术组织方案和措施、重大困难问题,以及竣工后的周转材料、临设转移、调配、服务回访的预测等。

做好项目的前期策划和科学策划,是缩短工期,降低成本,减少费用,提高项目效益的重要基础。

六、总部服务精细化

相对来说,各建筑施工企业的总部各部门集中了具有较强专业理论和管理知识的各类员工,业务素质比较高,即所谓管理和智力密集型的集成化总部。因此,总部部门要对项目施工的全过程进行策划、指导和服务,在统一调整的基础上,为每个项目科学地配置人员、设备、资金、物资等资源要素,创造良好的管理运行环境。

在项目施工过程中,总部部门的工作要转变观念,真正服务于项目需要,对项目不仅仅是提出问题,而是要帮助解决问题,强调的是指导、协助去理顺生产要素、理顺质量安全进度与效益的关系等。

总部服务精细化最终要做到:根据业主对工程项目的合同要求,综合项目特点,量身定制管理目标实施与保证方案,为业主当好项目策划的“参谋”;项目前期运作的“行家”;项目中期运行的“管家”;项目后期管理的“专家”;项目销售期推动的“助手”,以致全周到的服务,实现“中国建筑”品牌与业主项目品牌的链接。

七、施工全过程精细化

施工全过程精细化包括精心编制施工组织设计和技术方案、精心进行二次深化设计、质量创优过程精品化、安全管理精细化、进度管理精细化、文明施工管理精细化等。

1.精心编制施工组织设计和技术方案,就是要根据工程的实际情况,明确阶段工期,合理优化配置资源,突出重点、难点,优化技术方法。对复杂的施工工艺和重要工序,还编制专项施工方案,分析和规定施工工序及工艺顺序,作出切实可行的控制措施,使该工序施工全过程都处于受控状态。

2.精心进行二次深化设计,就是对复杂工程和重点创优工程的施工图纸进行细化设计。深化设计是指根据工程的施工图纸结合现场的实际情况有针对性地绘制施工节点构造、加工尺寸和装配图纸,用以指导加工和生产。深化设计要做到使图面观念产品转化为实物产品、使难点转化为亮点、使粗放的转化为精致的、使不协调的转化为协调的,最后做到精品甚至极品工程质量与效益和谐统一。

3.质量创优过程精品化,就是将质量控制在“事前”而不是“事后”;以“工序样板”来确保细部施工质量;以精细化的质量通病防范措施和管理措施来规范化、具体化、明确化、责任化,使各项规程、规范和质量标准落到实处。对创优工程,有针对性地加强《项目质量创优策划》,对每一个分部分项工程进行全面的指导与监控。

4.安全管理精细化,就是严把安全关,加强对现场安全生产的监控,营造浓郁的安全生产氛围,以下发安全预警通知、公布月度重大危险源、实行安全巡查制度、《安全生产强制性条文》等形式来全面落实安全生产责任制,适时开展专项整治、督导检查,常抓不懈,使员工时刻绷紧安全这根弦。

5.进度管理精细化,就是要细化工期,倒排工期,以总控计划宏观调控,以月计划、周计划周密落实,对影响工期的关键线路、主控节点进行过程监控,实行动态管理,落实保障措施;以周计划来促月计划的落实,以季度计划来确保年度进度计划和总进度计划的实现。项目要建立由业主主导、监理和总包协助、专业分包商参与的全员进度计划和控制体系。通过多方参与的计划编制过程,建立完善的总体计划、期间计划、实施计划等工程进度计划,并通过对计划编制、计划执行、计划优化进度填报、计划检查、计划重编计划更新的过程,确保进度计划完成,并通过严谨的资源统计、成本控制、合同管理及对应机制严格控制进度执行。

6.文明施工管理精细化,就是落实以人为本,采取针对性的人性化措施，做到利民便民而不扰民。

八、项目成本管理精细化

成本管理精细化，就是项目要争取最大经济效益，即采取各项措施，降低成本。

1.强化全员成本精细化管理意识

合抱之木，生于毫末；九层之台，起于垒土。精细化管理首先强调的是一种管理意识，一种管理态度。长期以来，项目成本管理仅限于个别部门或几个人，导致各职能人员为了满足自己职能的需要而不考虑成本因素。要实现全员成本管理意识，宣传和教育是必不可少的方法之一，做到在思想上逐渐改变粗放式的管理意识。同时还要建立清晰的责权利体系，对这一过程进行控制，采取各种激励措施，将施工各项成本与其切身的利益相结合，奖惩严明，充分调动施工人员的工作积极性，将降低成本作为自己的职责之一，在项目员工中树立精心细致的工作作风，精打细算的经营理念和精耕细作的操作方法。使严管理、细操作的理念深入人心，勤俭节约成为每个员工的自觉行动。

2.精细化管理，降低材料成本

(1)优化材料采购流程，降低采购成本。

工程项目的主要材料由公司总部通过竞标集中采购，体现集中采购的价格优势，项目采购的零星材料，亦要货比三家，优中选优。

合理的物资采购计划既保证了施工的正常进行，又减少了不必要的成本投入。因此，项目部要及时跟踪施工进度，结合现场与各专业施工队加强协同管理，及时准确掌握需求信息，制订物资采购计划，并细化到每一天，再根据物资购置计划及时调配料种和数量，避免因材料不到位而造成停工，或造成过多的存货压力，增加施工成本。

(2)降低材料损耗。

首先，对材料的入库和出库建立准确的台账，根据施工进度的安排，对各个时段材料的需求量要有准确的计算，材料的领用采取限额领用制度来控制浪费。在施工过程中，可以采取先进的技术、先进的工艺等缩短工期、提高质量，降低施工项目成本。

其次，加强施工现场管理，对施工材料分类别妥善储存，避免因人为因素或天气因素而造成的材料浪费。同时，严把质量关，杜绝因返工现象而造成的时间成本和质量成本损失。最后，项目材料组要定期对大宗材料进行盘点核销，计算当期材料的损耗率，分析误差原因，提出解决的措施。

3.加强人工费管理，做好人工成本的有效控制

针对当前建设行业企业劳务管理的业务流程，应通过对劳务工种系统科学的分类，实现劳务需求计划、劳务供应计划、劳务队伍管理、劳务合同管理、劳务使用管理、质量安全监督、劳务成本核算等全过程管理。系统紧密结合项目进度计划建立，施工操作人员要择优筛选技术好、素质高、工作稳定、作风顽强的劳务队伍来承建各个项目施工任务，实行动态管理。合理安排好施工作业面，提高定额水平和全员劳动生产力，严格按定额任务考核计量和结算，严格控制零散用工。在施工中，要做好工种之间、工序之间的衔接，提高劳动生产率。

4.及时地进行工程预、结算工作，准确掌握现场第一手资料，并建立详细的档案资料，加强现场签证的办理，做到随时需要随时签证，审核工程材料计划。当工程进度达到合同进度款拨付规定时，按实际完成工程量及时编制工程进度报量，请求建设单位按时拨付进度款。

九、工程保修服务精细化

质量创优永无止境，回访服务必须坚持，一方面，加强在工程施工过程中的回访服务，在不同的施工阶段通过工程联系单及现场协调会的形式，全面搜集业主方对工程质量的改进意见，并将信息及时反馈给相关责任者，以最大程度地满足顾客需求。另一方面，在工程竣工后的质量回访服务过程中，至少要连续二年开展多次主动回访，专门成立的维修服务队根据业主、物业管理人员、开发商的意见和建议，跟踪回访解决存在的问题。在工程保修期结束后，公司保修负责部门还应继续与业主方保持联络，双方沟通交流，进行延伸阶段的回访服务。

总之，精细化管理作为现代工业化时代的一个管理概念，是一种先进的管理文化和管理方式。建筑施工企业应结合企业的实际，树立科学的发展观，在各个方面提倡精细化管理，从而不断完善、丰富精细化管理内涵。

应收账款精细化管理初探

——中建四局应收账款精细管理的思考

吴平建

(中国建筑第四工程局有限公司，广州 510665)

摘　要：建筑业是完全竞争行业，近两年由于金融危机的影响，建筑市场竞争日愈加剧，为承揽工程开展的价格战进入了白热化阶段，业主处于卖方市场地位，频繁使用低价中标、现金保证金、垫资施工、延长付款期、降低中期结算付款比例等手段进行招标，甚至恶意拖欠工程款，业主的行为直接导致施工企业的应收账款大幅上升，资金运转困难，施工企业为了生存，被迫向银行举债，造成资金成本增加，或者采取赊购材料，结果又使材料成本上升，导致施工企业微薄的利润又被分割，企业发展受到制约。本文以精细化管理理念为指导，从我局的应收账款现状分析入手，分析了应收账款的类型及形成，提出了应收账款风险管理概念，结合我局在清收工程款中取得的一些经验，对应收工程款的管理进行探讨，以求改善施工企业的应收账款现状。

随着建筑市场的竞争加剧，业主越来越多地使用各种手段在招标环节占用施工单位的资金，在施工环节拖欠工程款，甚至恶意拖欠工程款，导致施工企业的应收账款大幅上升，资金运转困难。向银行举债，将增加资金成本，否则不能维持生产，赊购材料又增加材料成本，两者都造成利润减少。施工行业本来是微利行业，资金成本再加大支出，企业不堪重负，大幅上升的应收账款严重地制约了企业的发展，降低应收账款已成为施工企业一项紧迫的工作。

一、我局应收账款的现状

1.本文应收账款的定义

本文应收账款的数据包括了会计报表中的应收账款和存货两个数据。目前施工企业基本采取零库存方式生产，工程项目现场仅有少量的库存材料，会计报表中反映的存货大量是工程形象进度已经完成，已经具备结算条件，由于多种原因业主未确认工程结算价款，财务未列入应收账款核算；另一方面，如果施工企业按照建造合同准则自行确认应收账款，会计师事务所进行年度会计报表审计时，将要求按照应收账款的金额计提坏账损失，调减企业的利润，按照现行税法规定，计提的坏账准备还要交纳所得税。由于上述原因，施工企业在会计核算过程中不愿过多确认应收账款，导致会计报表中存货增长。这是本文应收账款包括了应收账款和存货两个数据的原因。

2.我局应收账款的现状

我局应收账款呈现逐年增长的趋势，2005~2008年，我局应收账款分别为20.6亿元、29.69亿元、34.8亿元、54.99亿元，2006~2008年分别比上一年度增长9.09亿元、5.11亿元、20.19亿元。同期营业收入分别为75.79亿元、94.04亿元、105.89亿元、137.3亿元，应收账款占营业收入的比例分别为27.18%、31.57%、32.86%、40.05%。由于生产的增长，应收账款

的绝对值增长具有一定合理性，但大幅增长令人担忧。2008年的大幅增长与国际金融危机有关,可比性差一些,但企业的资金压力是实质的增加,按上一年度应收账款占营业收入比例计算,2006~2008年环比，相应增加应收账款4.13亿元、1.37亿元、9.87亿元,企业的资金链处于极度紧绷状态。

二、应收账款类型的分析

应收账款形成的原因很多，按是否违约可以分为两类：

第一类:结算期内的应收账款。该类应收账款主要有：

1.按时间(月或季)结算,业主已确认施工企业完成工程量,但未到付款期;

2.企业承诺工程完工决算后再支付工程款的比例部分;

3.按节点支付工程款,或承诺垫资的工程项目未到合同约定结算期，业主未确认施工企业完成工程量。

第二类:超过结算期的应收账款。该类应收账款实质已形成拖欠工程款，是施工企业应收账款管理的重点,按拖欠的原因一般有以下4种情况：

1.业主出现暂时性财务困难。该种情况业主未付款或支付了部分款项,拖欠时间不长,并给予了付款承诺。

2.业主出现较大困难。该种情况业主不能给予承诺。

3.业主破产。

4.业主恶意拖欠。

三、应收账款的风险管理

1.应收账款的风险评级

为了便于对拖欠工程款进行管理，企业应考虑对应收账款进行风险评级，并按照风险级别制定相应的预案，按照应收账款的风险级别实施对应的风险级别预案。按照工程项目的生产状态、工程款的支付情况及业主财务状况，应收账款风险级别可考虑分为五级：

一级风险:工程状态正常和付款情况正常。

二级风险:工程状态正常,开始拖欠工程款或间断拖欠工程款。

三级风险:工程状态正常,持续2个月拖欠工程款。

四级风险:工程开始停工或间断停工,持续3个月拖欠工程款。

五级风险:工程完全停工,持续4个月拖欠工程款;或工程竣工,业主恶意拖延决算期;或决算完成,业主拖欠工程尾款;或保修期结束,业主拖欠保修金。

2.应收账款风险管理预案

一级风险预案:在一级风险级别下,主要采取观察方式管理,观察业主及项目动态。业主方面观察财务状况,银行政策变化,国家宏观政策变化,投资人状况,高管有无不良行为,有无虚假销售行为;项目方面观察项目环境是否改变,项目的可行性是否改变。

观察的手段可利用各种媒体、人际交流等渠道,观察的目的是早期掌握项目变化，及早采取应对措施，所有的拖欠工程款都是从一级风险逐步发展形成的,施工企业应设立专人实施一级风险预案管理。

二级风险预案:出现二级风险时,应分析业主是否暂时财务困难,项目前景是否仍然可行。如果是业主暂时财务困难,项目前景仍然可行,可考虑筹措资金继续施工,同时向业主发出催款通知,办理有关业主违约函件,为将来结(决)算或诉讼作准备。

如果业主不是暂时财务困难，或项目前景发生变化,企业应及时研究采取对策,考虑是否启动四级风险预案,避免拖欠款增长。

三级风险预案:出现三级风险时,如果项目前景仍然可行,业主财务状况远期有可能改善,企业可以考虑筹措资金继续施工，同时企业应及时与业主进行协商,签订补充协议,要求业主给予延期支付工程款的补偿,要求延长工期及延长工期的损失补偿,修订施工合同中不公平条款，要求业主提出可行的资金解决办法和付款保证手段等。

如果项目前景发生变化或业主财务状况恶化，应立即启动四级风险预案。

四级风险预案:出现四级风险时,企业应考虑主动停工，如项目仍然可行，在三级预案处理的基础上进一步与业主协商应收工程款的保证，要求业主办理可操作的保证手段，如：办理工程项目抵押手续，或其他财产的抵押质押手续，如果企业有财务能力且项目前景乐观，可继续施工，可考虑与业主协商，由工程施工转变为参与投资，参与分成。

如果企业财务能力不能支撑继续施工，应立即停工，并要求业主立即采取有效措施，改变财务状况。业主不能采取有效措施的应立即启动五级风险预案。

五级风险预案：出现五级风险时，企业应立即停工，进入司法程序及追讨程序。企业应立即实施业主办理的保证手段，如拍卖抵押的房产、财产，变卖质押资产，申请拍卖工程项目；未办理保证或抵押的，应立即起诉，并进行认真地分析研究，查找业主财产，提供法院查封，有结算依据的，可申请法院进行财产保全或申请执行，要研究业主的投资关系，属于投资人投资不足的，联动追讨投资人，运用一切力量寻找解决问题的蛛丝马迹。

施工企业应设立专人进行应收工程款分级管理，并将分级管理制度化、日常化，对各级风险制定预案，并按照风险级别预案实施应收账款管理，定期进行统计分析，编制应收账款风险分析报表，提供决策者掌握应收账款风险变化情况。

四、应收账款的管理

应收账款的管理涉及施工企业生产经营的多个环节，涉及源头的投标、签约，施工过程管理、结算、决算及保修金管理等环节，每一个环节都与应收账款管理紧密相关，对每一个环节的管理都应引起施工企业的高度重视，进行认真地分析和决策。

第一，投标阶段的管理。在投标阶段应注重项目和投资人的筛选，分析项目的可行性，一般来说，大业主的融资能力和资金调配的能力较强，对项目的策划能力较强，大业主项目的应收账款风险相对较小，第一次开发项目的业主、投资关系复杂的业主、小业主的项目应收账款的风险相对较大；对项目主要分析前景，地产项目分析地理位置、周边环境、项目定位，工业项目分析行业前景，政府项目分析政府财政能力、了解项目投资预算是否与项目投标额一致。总之，投资人的资金支付能力是应收账款风险控制的源头，从目前我局应收账款的业主情况分析，拖欠工程款的基本是小业主工程和政府工程。

第二，合同签约的管理。工程中标后订立一份公平的合同是施工企业权益的保障，也是应收账款管理的基础，目前普遍采用住房和城乡建设部和工商总局联合制定的建设工程施工合同(范本)与业主签订施工合同。该合同(范本)分为三个部分，第一部分是协议书，主要内容为工程项目基本情况、承发包双方协议订立的工程项目价格、质量和工期、合同文件的组成、订立合同人等，相当于合同的“总则”。协议书部分的主要内容在投标书中已明确，一般无争议。

第二部分是通用条款，通用条款根据法律、行政法规规定及建设工程施工的需要制定，是国家规定的建设工程项目在签订建设工程施工合同中应涉及的内容。是发包人与承包人应遵守的基本原则，引导签约双方在专用条款订立时体现公平原则。该部分发包人与承包人都不能修改。

第三部分是专用条款，是发包人与承包人根据法律、行政法规规定，结合具体工程实际，经协商达成一致意见的条款，是对通用条款的具体化、补充或修改，由订立合同双方依据通用条款指引协商订立。按照合同的解释顺序，专用条款优先于通用条款，因此，该部分条款施工企业需要认真对待，对每一条款做到字斟句酌，以通用条款为指导，只要不与招标文件、投标承诺相抵触，就应与业主充分较量，签订一份公平的专用条款。与工程款有关的条款很多，工期、质量、付款条件、违约条款等，付款条件应争取提高付款比例，缩短付款时间，对延期付款应争取高违约金及工期顺延、停工、停工损失等。

通用条款的第33条是竣工结算条款，对施工企业办理竣工结算尤为重要，该条规定：工程竣工验收报告经发包人认可后28d内，承包人向发包人递交竣工结算报告及完整的结算资料，双方按照协议书约定的合同价款及专用条款约定的合同价款调整内容，进行工程竣工结算。发包人收到承包人递交的竣工结算报告及结算资料后28d内进行核实，给予确认或者提出修改意见。发包人确认竣工结算报告后通知经办银行向承包人支付工程竣工结算价款。承包人收到竣工结算价款后14d内将竣工工程交付发包人。发包人收到竣工结算报告及结算资料后28d内无正当理由不支付工程竣工结算价款，从第29d起按承包人同期向银行贷款利率支付拖欠工程价款的利息，并承担违约责任。发包人收到竣工结算报告及结算资料后28d内不支付工程竣工结算价款，承包人可以催告发包人支付结算价款。发包人在收到竣工结算报告及结算资料后56d内仍不支付的，承包人可以与发包人协议将该工程折价，也可以由承包人申请人民法院将该工程依法拍卖，承包人就该工程折价或者拍卖的价款优先受偿。该通用条款对施工企业收取工程尾款较为有利。目前，施工企业在竣工结算环节被拖欠工程款的比例较大，因此，在专用条款协商时，对竣工结算条款要力争采用通用条款，对延期付款要求高违约金。

2004年最高法院对建设工程施工合同的司法解释出台后，工程垫资已合法化，黑白合同的现象已很少。目前，建设工程施工合同需进行备案，如果被迫签订显失公平的黑白合同，也应签订一份公平的备案合同，一旦发生合同诉讼，法院一般支持备案合同。

第三，工程施工过程的管理。工程施工过程的管理以履约为前提，履约是工程款回收的基础，过程管理中的重点是处理好业主的违约行为，搜集保管好业主违约的相关文书，关注业主财务状况的变化，对业主的财务情况变化及违约行为采取符合时宜的正确有效的措施。

对于结算期内的应收账款采取一级风险预案管理；对于超过结算期的应收账款，按照二~五级风险预案管理，采取个案分析方式研究决定对策。

第四，决算过程的管理。决算过程也是应收账款管理的重要环节，业主多在这一环节制造障碍，因工程已竣工，业主不再担心工程完工问题，力求最大限度地拖欠工程款，这一环节与业主较量的筹码是交工问题，将工程交给业主前应签订交工协议，明确工程决算时间，工程尾款的支付时间，以确保收回工程尾款。

对代理性质的项目业主，还应将工程保修金变更为工程保修保函，避免工程保修期结束时找不到业主收回保修金。

五、拖欠工程款清收手段的运用

由于业主的情况不同，拖欠工程款情况不同，清收拖欠的手段也各不相同，按是否采取诉讼手段可以分为自行清收和诉讼清收两种。

1.两种清收手段的比较

两种清收手段各有优缺点。一般来说，诉讼清收的优点是力度大，法律具有强制执行的特点，只要有可执行财产，债权就可以得到主张。诉讼清收的缺点之一是时间长，诉讼程序要经历起诉、应诉、一审、上诉、二审、上诉、终审、执行多个环节，每个环节都需要相应的程序时间，如遇司法真空、案情复杂、人员干预，诉讼时间就更长，有时由于诉讼时间太长错过了财产执行的时间，结果是赢了官司输了钱。诉讼清收的缺点之二是手段单一，举证后只能等待判决。此外，由于建设工程诉状属民事纠纷，有相当比例的诉状，法官采取调解的方式处理，让原告、被告自行协商，法官为调解员，协商调解又多数以让步达成协议，企业的利益还是受到损失。

对恶意拖欠工程尾款和保修金的业主，调查其有可执行资产时，可向法院提供相关结算证据，主张权利，申请直接执行。

自行清收的优点之一是及时，时间由企业自行掌握，随时约业主进行协商，协商不成的问题回来研究对策，第二天再行协商，如此循环进行，时间效率较高；优点之二是方法多样灵活，可以运用的手段有停工、要求补偿、提供保证、资产抵押、民工上访、现场造势、参股、收购等；自行清收的缺点是力度相对较小，一般由企业员工向业主追讨或协商，由于业主占有企业较大资源处于强势地位，协商的实质是一种妥协，妥协在自己能承受的底线，在妥协中企业权益又遭受损失，当面对恶意拖欠工程款的业主时，自行清收无能为力。

2.两种清收手段运用的顺序

通过上述两种手段优缺点的分析比较，通常情况下两种手段的使用顺序为：首先自行清收，其次诉讼清收。业主拖欠的是资金,资金具有时间价值,拖欠的时间越长,企业的损失就越大,自行清收的优点是及时,因此,自行清收在顺序上优于诉讼清收,当自行清收不能解决问题时,应立即采取诉讼清收。

六、在清收工程款的过程中,还应注意以下一些事项

1.优先受偿权的正确使用

合同法第286条优先受偿权是对施工企业的一种保护,在法理上是一种法定抵押权,运用时要注意两点:第一点,优先受偿权不能对抗小业主的物权。按照最高人民法院的司法解释,施工企业的优先受偿权优于其他债权人,消费者(即小业主)的物权优于施工企业的优先受偿权,房屋一旦销售,施工企业的优先受偿权随即灭失。因此,日常观察中要注意防范业主进行假销售,以对抗施工企业的优先受偿权。第二点,优先受偿的时间是6个月,已竣工工程从竣工之日计算,未竣工工程以合同竣工日或推断合理竣工日计算,超过时限优先受偿权消失。

2.抵押、保证的法律效力

对于业主提供的抵押、保证要进行实质手续的办理,不得停留在与业主的协议上。如:房屋或在建工程的抵押要到房地产管理局办理他项权,将他项权证办到企业名下,不能简单地扣押物权证;对质押资产,要到相应的管理部门办理登记,也不能简单地保管权证;对提供保证的单位,要核实该公司是否具备担保资格,提供担保的程序是否合法,要进行文字面签,担保书要进行公正,要核实其资产真实性和充足性。

3.诉前财产保全的运用

运用诉前财产保全是保证申诉结果得到实现的一种手段,当企业准备起诉,有绝对把握胜诉的时候,调查被告有可执行财产,应当实施诉前财产保全,被保全的财产其所有人不能自行处分,形成等待执行财产,保证胜诉时有财产可执行。

4.停工手段的运用

停工手段是一把双刃剑,既伤对方,也伤自己,一旦停工,项目的前景也发生变化,因此,要慎重使用停工手段,认真分析和权衡利弊,基本要求是减小损失,降低应收账款风险。

5.民工上访和现场造势的运用

该手段是追讨拖欠款时用得较多的手段,当前国家讲求和谐社会,利用民工上访和现场造势一定要讲求艺术,避免失控造成群体事件。

结束语

应收工程账款的管理涉及施工企业生产经营管理的多个环节,分析目前施工企业管理的现状,各个环节都有改善的空间,实施应收账款精细化管理,有利于企业减少损失,改善应收账款现状,降低应收账款的风险,从而改善企业的资产状况,增加企业收益,促进企业发展。

用市场经济杠杆推进建筑企业的安全管理进程

——引入市场竞争机制的安全管理模式

杨洪禄

（中国建筑股份有限公司建筑事业部，北京 100037）

摘　要：在人类的生产和社会实践活动中，安全是永恒的主题之一。随着中国经济市场化和全球一体化的不断推进，传统的安全管理已经不能够适应纷繁复杂且日趋加剧的市场竞争，必须要探索新的科学安全管理模式，真正体现主动安全管理的安全理念。本文介绍了一些安全管理方面的理论，结合央企在安全工作方面的实际，从政府和企业的角度探讨了市场化大潮中安全管理模式转变的做法和趋势，提出了通过引入市场竞争机制来加快安全管理模式转变的新思路。

关键词：安全管理，市场化

随着中国经济市场化和全球一体化的不断推进，面对纷繁复杂且日趋加剧的国际竞争，我国企业必将在更大的范围、更广的领域、更高的层次上参与全球经济运行。同时，工程项目伴随着经济、科技、文化的发展变化，也日益呈现出复杂性和不确定性，因而如何分析、识别和规避潜在的安全风险是一个企业能否在国际化浪潮中生存和发展的最重要本领之一。

建筑业是国家三大高危行业之一，安全生产始终是政府和企业的头等大事，安全工作也一直是困扰建筑企业生产和发展的难题。那么如何解决生产工作中的安全问题，减少社会中不利于安全生产的因素，为企业发展创造良好的安全环境，真正做到以人为本，实现行业的可持续发展呢？

从社会发展趋势来看，现代的科学化安全管理取代传统管理已是势在必行。笔者结合在央企多年来安全管理的工作实践，在此对建筑业安全管理市场化的理念和做法进行一下探讨。

一、安全及安全管理

1.安全的概念

安全从字面上来看有两层意思：1.保护(safety)、保卫(security)；2.无危则安，无缺则全。

定义 1：安全是指客观事物的危险程度能够为人们普遍接受的状态。

定义 2：安全是指没有引起死亡、伤害、职业病或财产、设备的损坏或损失或环境危害的条件。

定义 3：安全是指不因人、机、媒介的相互作用而导致系统损失、人员伤害、任务受影响或造成时间的损失。

2.管理的概念

管理(Management)的定义有很多,例如:

"管理就是对一个组织所拥有的资源进行有效的计划、组织、领导和控制,用最有效的方法去实现组织目标。"(系统理论)

"管理就是决策,正确的决策主要受四个因素的影响:正确的目标和准则,信息的掌握,决策者的素质,科学的理论方法。"(西蒙 Simon)

"管理就是确切地知道你要别人去干什么,并使他们用最好的方法去干。"(泰勒)

3.安全管理

安全管理是企业生产管理的重要组成部分,是一门综合性的系统科学。它以安全为目的,进行有关决策、计划、组织和控制方面的活动,防止和减少事故是安全管理的核心内容和永恒的努力方向。安全管理必须与科学技术发展相适应;在经验型的基础上充分结合现代安全管理理论进行事故的预防控制;有必要运用事故预防控制理论来提高企业的安全水平,防范各类事故的发生。

4.安全管理系统

安全管理是企业管理系统的一个子系统,其构成包括各级专兼职安全管理人员、安全防护设施设备、安全管理与事故信息以及安全管理的规章制度、安全操作规程等。

安全管理的对象是生产中一切人、物、环境的状态管理与控制,安全管理是一种动态管理。施工现场的安全管理,主要是组织实施企业安全管理规划、指导、检查和决策,同时,又是保证生产处于最佳安全状态的根本环节。施工现场安全管理的内容,大体可归纳为安全组织管理、场地与设施管理、行为控制和安全技术管理四个方面,分别对生产中的人、物、环境的行为与状态,进行具体的管理与控制。

二、传统安全管理

1.我国安全管理的现状

现在中国安全生产有四个令人心痛的世界第一:事故发生的频率世界第一;各类事故死亡人数、受伤人数世界第一;重、特大事故发生量世界第一;各类事故危害人群总量世界第一。近几年,我国每年因安全事故造成的死亡人数达10余万人,经济损失占GDP的2%左右,损失巨大,令人痛心。表现在当前企业安全生产工作发展仍不平衡,个别行业、个别领域、个别企业事故多发、频发的势头没有得到有效遏制,重大事故时有发生,安全生产形势依然严峻,说明企业的安全生产基础仍不够牢固。

2.建筑业安全生产特点

一、生产岗位不固定、流动作业多,作业环境不断变化,作业人员随时面临着新的隐患的威胁。

二、作业内容多变,表现在:同工种,但在不同的作业时段、不同作业部位的作业内容常常不同;同工种,但在不同施工现场的作业内容和作业环境并不相同;工种时常不固定。

三、多工序同时或连续作业,工序间配合,材料设备调度,与建设各方的协调等过程多,管理过程复杂,综合性强。

四、立体交叉作业及电气、起重吊装、高处作业等特种作业多。

五、多为露天作业,受自然环境影响大,如高低温作业,雨、雪、风中作业等。

六、手工作业多,劳动强度大。

七、人员流动性大、作业技能参差不齐。

八、分包作业多,总、分包之间以及各分包队伍之间的企业安全文化背景不同,容易形成文化冲突。

3.传统安全管理的弊端

我们常在电视、报纸等传媒上看到、听到这样的消息:某公共场所发生火灾,造成数十人、上百人死亡;某煤矿发生瓦斯爆炸,几十名矿工魂断井下;某正在修建的大楼突然倒塌,不知多少人埋在废墟里生死未卜……事故发生后,随之而来的必定是"亡羊补牢"式的安全检查和隐患整改等。这就是传统安全管理,其着眼点主要放在系统运行阶段,一般是事故发生了,调查事故发生的原因,根据调查结果修正系统,这种模式称为"事后处理"模式,存在许多弊端。与现代化科学管理方法相比存在明显不足。主要体现在：

一、企业安全管理的主动性差。

二、轻视事前管理，注重事后管理。

三、不能调动每个人的主动性和积极性，没能形成全员安全管理的企业安全文化。

四、没有科学系统的管理方法，安全工作难以落实。

三、关于市场化进程中安全管理模式转变的探讨

针对以上传统的安全管理存在较多弊端，越来越多的事实证明，传统管理模式已经不适应时代要求，而科学化安全管理工作的着眼点是让企业形成全员安全管理、主动安全管理的动力，尽而形成企业的文化和习惯。如何变传统的纵向单因素安全管理为现代的横向综合安全管理；变传统的事故管理为现代的事件分析与隐患管理(即变事后型为预防型)；变传统的安全管理对象为现代的安全管理动力；变静态安全管理为动态安全管理；变只顾生产经济效益的安全辅助管理为现代的效益、环境、安全和卫生的综合效果管理；变传统的被动、辅助、滞后的管理程式为现代的主动、本质、超前的管理程式；变传统的外迫型安全指标管理为内激型的安全目标管理呢？如何推动企业的安全文化，尽快实现由原始型进化为依赖型，由依赖型进化到独立型，进而最终形成互助型的文化进化呢？笔者认为通过引入市场化竞争机制来进行安全管理模式的转变是有效和快捷的。

1.管理市场化的内容

安全管理市场化的基本内涵是：政府或企业通过采取各种措施，引入市场机制，将社会大生产内部的各子系统、各单位以及单位内的各班组乃至全体员工，用安全价值链的形式加以链接，实现安全责任主体下移，强化现场安全管理，实现质量标准化动态达标，以达到压力传递、风险共担、权益共享的目的。

目前在建筑业推行安全管理市场化的内容可以从两个方面着手：

一是由政府主导，在安全管理上引入的市场竞争机制，通过市场经济杠杆的作用，借助激励与处罚的市场手段，体现出安全管理对企业在市场中的重要地位，进而使企业自觉主动地在安全生产上形成主动管理的良性循环，实现传统的外迫型安全指标管理向内激型的安全目标管理的模式转变。

例如在工程招投标方面，工程项目的投标在满足招标文件对于工期、质量、报价的同时，应当提高安全的权重，让企业从企业效益上得到激励，进而形成企业安全管理主动性，从市场的源头来推动企业关注安全的积极性，会取得良好的效果。

新加坡政府定期到各工地进行安全检查，并实行动态记分，一年内获记24分，承建商将不得再进行施工。另外，新加坡政府设立安全专项奖罚基金，并对全国的施工项目进行安全奖罚管理，起到很好的效果。

二是在企业内部建立完善市场化管理机制。

可以将安全质量作为工序验收结算的一项重要指标，实现工序之间以经济手段对安全质量的控制，对规范管理和规范操作实现动态监控。运用考核分析体系，在绩效考核中加大对安全工作考核的权重，实施安全结构工资制和群体安全风险考核机制，公布每名员工的安全考核情况，用经济手段激发员工规范管理、规范操作的自觉性。这样会实现传统的被动、辅助、滞后的管理程式向现代的主动、本质、超前的管理模式的转变。

2.政府在安全管理市场化中的导向作用

众所周知，市场经济活动具有外部效用，平抑各种外部性不能由市场本身来完成，必须依靠政府的作用。行为主体在作出行为决策时只是考虑自身的成本和收益，自己的行为决策对他人或者社会造成的影响就是外部性。

在市场竞争条件下，不论是企业还是个人都是在价格信号的指引下，按照成本收益分析进行决策。企业考虑的只是自身的收益和成本，这时单纯的市场决策就产生了低效率。社会上的超标排污、安全事故，都带有严重负外部影响，仅仅依靠市场就会给社

会公众利益带来极大的损失。市场自身不能消除外部性，消除外部性必须依靠政府。如果政府不重视，没有履行好这部分职能就会造成很不好的结果。在20世纪80年代的时候我国走了粗放型的经济增长模式，在经济增长的同时带来了环境污染、资源浪费等一系列的问题，就是我们忽视了外部性的后果。

新加坡政府所制定的安全法令条规十分严格，项目开工前必须进行风险辨识、风险评价和风险控制，制定项目的《安全生产管理手册》，经新加坡人力部严格审批后，方可获得政府允许开工。新加坡政府的安全管理强调的是政府执法的“严肃性”和“权威性”。

(1)统一政府监管体系，实行国家大安全管理模式

安全管理市场化，并非弱化政府及有关职能部门所起的作用，相反是应该加强，这主要体现在政府是安全生产的监管主体，安监部门是建筑施工安全生产的监管主体。

当前，建筑施工安全事故多发，安全生产形势严峻的深层次原因之一，就是建筑施工安全政府监管主体不明确，职责交叉，权责脱节，多头管理，责任不落实。一些行业领域主体缺位，管理缺失，尚未形成统一、协调的建筑施工安全监管主体。以某地区某个工地为例，据统计曾经有24家政府主管部门到该工地上去检查指导工作，导致工地管理人员无所适从，造成了由于监督主体的模糊反而出现责任追究不到位的现象。

“国家大安全管理模式”，是指从国家安全、社会安全、人身安全、生产安全、生活安全等目标出发，建立统一的大安全管理模式(机构、组织、立法、管理体系等)。实现全面防范来自于技术因素和人为因素的意外事故与灾难，减轻来自于自然因素的自然灾害和危害，防止和减少来自于社会因素的公共事故与危害、安全事故对生命的危害等。

(2)充分利用市场经济杠杆，形成良性市场运行机制

仅靠法律的外部力量，还不能从根本上解决问题。要真正调动建设各方主体积极主动参与安全生产管理的积极性，必须充分发挥市场经济的杠杆调节作用。为此，需要大力培育和规范我国建筑市场激励处罚的市场化市场；完善保险立法，保险公司可依据项目情况及企业安全业绩实行弹性保险费率。利用市场杠杆，形成一种良性的市场运行机制，使安全业绩良好的企业获取实实在在的利益，安全业绩不良的企业在市场竞争中逐渐被淘汰。

(3)推行市场经济改革，规范市场准入制度

国际工程的安全管理是以个人能力和资格的判定为基础的，如日本法律规定，一级注册建筑师可以成立一级设计事务所，一旦事故发生，首先是处罚具有执业资格的负责人，甚至终身不得再涉入此行业。我国的安全管理是以企业资格填充有资格的个人，如一级企业，按规定凑足和保持若干一级建造师和安全工程师。事故发生后受到的惩罚也仅限于降低企业资质等级，并不影响个人职业生涯。安全责任心的轻重差别，直接导致安全隐患和事故发生率的多少。

结合我国国情建议加强对市场竞争行为的监管，规范市场准入制度：

一是加强对市场竞争行为的监管，规范招投标行为，并明确在工程招投标中，将安全生产费用专项列出，不纳入商务竞标，并要求业主对该费用的使用管理作出明确规定。同时，改变低价中标的方式，支持合理标价中标，防止一味追求压缩投资，为企业设备更新和安全投入提供一定的空间。

二是规范建设业主的市场准入制度，防止不具备经营条件的投资者作为建设业主进入市场。

三是着力培育建筑二级市场特别是劳务市场等，依托地方政府开办农民工培训学校，加强劳务培训，提高农民工的安全素质和基本技能，有组织和成建制地提供劳务用工服务。

四是要提高建筑市场企业准入门槛，杜绝不具备安全生产条件、资质能力差、管理混乱的企业和劳务队伍进入建筑市场从事建筑施工活动。

五是依法严厉处罚违法违规分包、转包、挂靠等

企业和个人行为。

3.企业在安全管理市场化中应做的工作

近年来中央企业整体经营业绩连创历史新高，市场竞争能力不断增强的同时，安全生产管理水平得到较大提升，安全生产形势保持了总体稳定并趋于好转，对促进全国安全生产形势的稳定好转，实现国务院提出的安全生产目标，起到了积极推动和示范带动作用。

同时，中央企业安全发展面临一些新的挑战：企业兼并重组、规模扩张、产业链延伸，使安全生产工作难度加大；经济高速增长、生产任务繁重，造成安全生产不稳定因素增多;企业竞争加剧和组织方式变革，安全管理方式难以适应形势需要；技术进步和新设备的运用，对职工队伍安全素质提出了更高的标准。在这种安全生产新形势下，要正确地应对安全生产新挑战，必须要转变安全管理模式，央企应做好以下几个方面的工作。

(1)安全就是效益，树立正确的市场意识

“市场竞争残酷经营和生产环境不利所带来的困难和问题，不能成为发生安全事故的借口，只能成为加强安全管理的理由。”中建总公司董事长孙文杰在一次全系统的安全生产会上这样说。

正因为我们从事的是高危行业，才要求全体员工高度重视安全生产；正因为安全管理难度大，才要求安全生产要由一把手亲自抓、层层落实责任制；正是因为分包单位素质不高，才有必要实施总包管理。历年来的经验和客观事实说明提高安全意识，落实各级领导的安全生产责任制，加大总包企业的安全监管力度是十分必要的。抓与不抓不一样，主动抓与被动抓不一样，认真抓与一般性的抓不一样。不能因为发生了安全事故就对安全管理的必要性产生怀疑，也不能因为一段时间没有发生安全事故又对安全工作的重要性产生动摇。安全管理与安全事故像拔河一样，一定是此消彼长。在安全生产的问题上，各级领导千万不能犹犹豫豫、摇摆不定，要树立决心和信心，消除麻痹思想和畏难情绪，坚持警钟长鸣，常抓不懈。2007年1~9月的9个月时间里其总包工地发生工亡事故多起，死亡多人，而2007年10月~2008年5月的8个月时间里没有发生1起责任工亡事故，原因在哪里？原因就在企业负责人高度重视，把安全生产真正作为关系企业生死存亡的大事来抓了。

安全生产投入效益是难以用具体的数字来衡量的。通过事先的安全投资，把事故和职业危害消灭在萌芽状态，是最经济、最可行的生产建设之路。在现实工作中，我们不难发现，安全投入搞得好的企业不仅安全事故少而且经济效益也好；与此相反，对安全生产重视不够的企业和行业，一旦发生了重大安全事故，轻则造成重大经济损失，重则毁掉一个企业甚至是行业。乳品业因为食品安全问题处境困难就是最好的警示。目前，152户中央企业几乎涉及国民经济的所有行业，其中相当一部分企业分布在煤炭、石油石化、化工、交通运输、电力、电信等领域，一旦发生重大生产安全事故，不仅会造成企业自身重大损失，而且会造成恶劣的社会影响，甚至影响到我们国家良好的对外形象。所以，安全就是效益，这是所有企业管理者应该建立的“安全经济观”。

特别是央企更应当牢固树立安全是效益、安全是市场竞争力、安全更是社会责任的意识，切实加强安全生产工作。

(2)加强安全生产责任体系建设，大力推进安全风险管理

央企应当按照“统一领导、综合协调、分级监管、全员参与”的原则，紧紧抓住安全生产责任制这个关键，切实落实“一岗双责”制度，进一步完善安全生产责任体系。主要体现在：

一是强化以企业主要负责人为核心的安全生产领导责任制。中央企业主要负责人是本企业安全生产的第一责任人，对本企业安全生产工作负总责；安全生产一把手是关键，只有主要领导重视了，才能提供最良好的企业内部环境。

二是健全和完善安全生产组织机构。企业安全生产的领导决策机构、安全生产监管机构建设是关键。特别是相对独立的安全生产监管机构，并配备相

应专业、专职的安全监管人员。按照“分级监管”的原则,积极探索和创新对下属企业的安全监管方式。有的央企,如中铁建、中建总向下属企业和重点工程派驻安全生产总监,实行监督和管理相对分离,逐步形成企业安全生产的有效制约和控制,这是一种比较好的方式。

三是实施安全责任目标管理。把安全生产责任制与业绩考核制度结合起来,健全和完善安全生产激励约束机制,通过奖罚分明的制度,激励企业全体员工积极做好安全生产工作,加快形成“人人关心安全、人人重视安全、人人做好安全”的工作局面。

(3)规范市场竞争机制,实现企业安全均衡发展

企业安全管理水平参差不齐,市场竞争机制不规范。目前,我国建筑市场上高资质企业和低资质企业之间、总承包和专业分包企业之间、国有、股份、个体等不同所有制形式企业之间的市场竞争很不规范,不同形式、规模的企业间的安全生产意识、管理模式、安全投入、员工素质等方面的差距也很大。由于不同等级的企业的发展目标定位不同,因而直接影响着企业安全保证体系、安全制度创新、安全教育方法、安全管理适应市场机制转变等一系列深层次管理问题解决的方法、力度和深度,也直接影响、制约着企业安全生产管理水平的提高。特别是一些非公有制中小企业的安全生产意识淡漠,安全投入严重不足,基础管理十分薄弱,职工素质普遍较低,安全状况令人担忧。加之一些企业安全生产的规章制度不健全,责任制不落实,有些已经建立了安全生产管理制度不能严格执行,违章指挥、违章作业、违反劳动安全纪律的现象十分突出,成为影响企业安全生产水平提高的主要根源。

(4)“经济量化安全隐患”,提高全员管理的积极性

传统的安全管理体制存在着注重安全结果,不注重超前预防,责任不清、积极性不高、罚款随意性大等弊端。为此,我们提出创新安全管理方法,采取“经济量化安全隐患”的措施,推行市场化安全管理,就是把查出的安全隐患量化,模拟成可交易的商品,把隐患从查出到落实整改的过程虚拟为商品流通,通过经济杠杆的作用调动全体人员排查隐患的积极性,努力追求“现场零隐患、安全零事故”,使全体人员共同担负起安全监察的重担。实施市场化安全管理的主要目的是调动全员的积极性,实现安全管理的全覆盖,实现安全监察与整改的闭合管理,提高隐患排查、落实、整改率,真正实现安全生产。

“量化安全隐患”的思路主要是将“人的行为、技术、环境、设备”等方面的隐患变成有价值的“商品”,建立安全隐患的价格体系。通过构建全员现场查隐患—出售隐患—责任单位或责任人购买隐患—整改隐患—安监人员复查落实隐患这一管理链条,发挥价格杠杆作用,形成安全隐患的市场化交易和鼓励员工发现风险、发现隐患的激励机制,从根本上解决安全管理中存在的“落实不下去”、“严不起来”等问题。

(5)推行 HSE 管理,积极参与国际市场竞争

高水平的 HSE 管理是进入国际工程承包市场的准入证,自 20 世纪 90 年代开始,国际知名建筑承包商纷纷制订了涵盖业务各方面的严格的“健康、安全、环境(HSE)”管理标准和体系,对承包商自身实施HSE 管理体系的实施程序、业绩要求、评分标准等都作出了明确的规定,将良好的 HSE 业绩作为对所在国、当地社区、全体员工的一种责任和承诺。可以说,HSE 管理标准和体系的建立已经成为现阶段我国企业实施境外承包工程时施工安全的一个保证,它就像一张资格准入证书,没有一个高标准的 HSE 管理体系和良好的安全管理业绩,我们的国际承包商就很难通过招投标资格预审,拿到项目合同。

以中国建筑股份有限公司在新加坡的工程项目为例,业主安全管理标准高、要求严,有的业主会委托专业的咨询公司到承包商进行全方位的考察,特别是职业健康安全管理体系的贯彻执行情况。当承包商自身的安全管理标准与业主、项目所在国当地的安全管理相关标准不一致时,承包商往往被要求采用更为严格的那种标准。

境外工程,特别是大型、特大型政府工程关系我国企业的国际形象,事故影响大,在境外承揽工程,一旦发生安全事故,决不仅仅是工程和设备毁损、人员身心伤害,还将直接影响公司形象和以后的工程投标。一旦被列入"黑名单",恐怕公司在该地区将再无立足之地,特别严重的还可能造成恶劣的政治和外交影响,所以在安全管理上要慎之又慎。

(6)积极转变管理模式,创建本质安全型企业

三流的企业做产品;二流的企业做品牌;一流的企业做文化。做产品和做品牌,相当于企业在"做事";做文化,相当于企业在"做人"。不会做事的企业,无法生存;不会做人的企业,无法成功。

转变企业发展方式是创建本质安全型企业的根本出路。中央企业应率先建立本质安全型企业,最重要的就是打造一流的安全文化。

实践证明,真正要控制"人的不安全行为",最有效的是注重安全文化的培育,营造一种良好的安全氛围,形成"人人抓安全,人人讲安全,人人管安全"的局面,才能真正将安全做好。企业安全文化建设的问题,归根结底是安全价值观塑造的问题,是把企业安全文化贯穿于企业生产经营管理工作之中的问题。多年的安全管理实践告诉我们,众多的规章制度,健全的安全网络,仍然无法杜绝事故的发生。仅仅靠监督与被监督的传统管理模式,仍然难以保障安全生产目标的实现。面对新的形势及发展要求,只有超越传统安全监督管理的局限,提高安全管理各层人员的安全文化素养,用安全文化去塑造每一位员工,从内心认同企业安全文化价值观,激发员工"关注安全、关爱生命"的本能意识,才能最终实现本质安全,全面提高企业安全生产管理水平。

四、结语

安全生产,责任重大,贵在重视,重在落实,成于创新。

我们应当树立"抓安全生产、促市场发展"的经营意识,通过引入市场竞争机制加快传统安全管理模式向现代科学安全管理模式的转变,推行一流的安全文化,打造本质安全型企业,真正做到以人为本,将安全工作迈向科学发展的新高度。

参考文献

[1]汪元军.安全系统工程[M].天津:天津大学出版社,1999.

[2]卢有杰,卢家仪.项目风险管理[M].北京:清华大学出版社,1998.

[3]施睿沛,朱瑶宏,糜仲春.海外工程项目的风险管理[J].华东经济管理,2001(10).

[4]关伟.试论科技在安全生产监管中的作用[J].现代职业安全,2008(10).

[5]杨书宏.企业安全生产管理部门负责人任职条件培训教材[M].北京:企业管理出版社,2006.

[6]刘朝芳.安全文化宣传是安全生产的灵魂[J].中国安全生产,2008(6).

[7]中国建筑工程总公司.施工现场职业健康安全和环境管理应急预案及案例分析[M].北京:中国建筑工业出版社,2006.

[8]孙世鹏,邱明,赵德生.我国建筑工程项目风险管理现状及解决对策 [J].东北农业大学学报,2008(6).

[9]纪明波.当前我国安全管理存在的问题分析及对策探讨[J].中国安全科学学报,2003,13(6):4-6.

[10]元福,李慧民.我国建筑安全管理的现状及其思考[J].中国安全科学学报,2003(13):16-19.

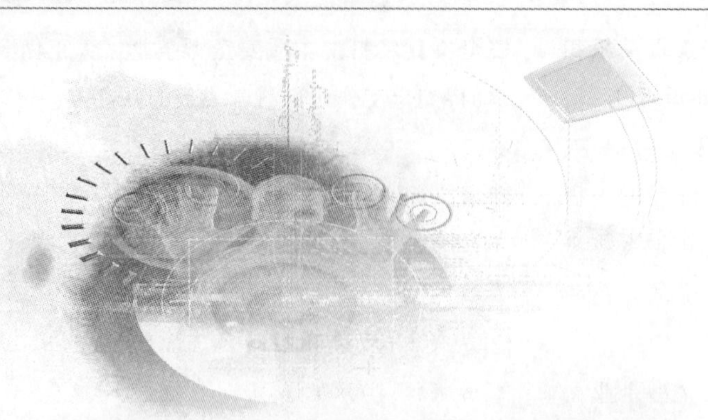

强化安全生产管理 促进企业科学发展

招庆洲

(中建八局第三建设有限公司，南京 210046)

建筑业是我国国民经济的支柱产业之一，建筑产品为国民经济的发展奠定了重要的物质基础。同时，建筑行业由于施工生产的流动性、施工过程和环境的多变性以及繁重体力劳动多、人员流动大的特点，存在着高空作业、机械伤害、触电、化学性爆炸等众多危险危害因素，被认为是事故多发的行业。近年来，建筑业安全管理的现状和建筑施工现场的诸多不安全因素影响了整个建筑业效益的提高，也是建筑业及建筑施工现场不能吸引高素质人才的主要原因之一。安全管理具有系统性、连续性、技术性等特点，长期以来，建筑业一直是各国职业安全事故率较高的行业之一。由此可见，安全问题已成为建筑业发展的巨大障碍。

在我们的施工实践中，建筑施工企业的项目管理主要表现为质量、安全、进度、成本的管理。作为一个工程项目来讲，建设方和监理更关心的是质量和进度等，而施工方则更关心的是安全与成本等，当然这几个方面是不能机械地分割，它们是密切相关的。通常说来，项目是以成本核算为中心的，但质量、安全、进度等方面是保障。严格地说，安全是第一位的，无安全事故就是效益。如果安全投入得多，生命财产损失少了，最终劳动成本降低，企业的经济效益提高。反之，企业一时得利，但终究要亏本。安全，就是提高人的生存价值，就是在积累财富。

建筑施工现场是建筑企业的主战场，也是建筑企业的经济效益实现的场所。建筑施工现场的安全管理的内容非常丰富，涉及场容、场貌、安全、防护、临时用电、机械设备等。安全管理的内容看似繁杂，但是只要紧紧围绕“安全”这根主旋律，我们建筑企业的安全生产是可以实现的。如何做好建筑施工现场的安全生产，实现安全生产和经济效益双赢，本人简单地谈一点自己的想法。

一、在体系建设上，要健全有效

公司应建立各级管理人员安全生产责任制体系和职能部门安全生产责任制体系。这两种体系责任制要分别落实到具体人及具体部门，责任制内容要详细，有针对性、有时效性。同时，项目部还要建立各工种安全生产责任制体系及各工种安全技术操作规程。实行安全生产责任制度，落实安全生产责任,是安全生产工作客观规律的要求。江泽民同志关于“隐患险于明火,防范胜于救灾,责任重于泰山”等关于安全生产的一系列重要指示,不仅指明了安全生产工作的根源——消除隐患;还表明了抓安全生产的科学方法——预防为主;更指出了安全生产的关键环节——强化责任。消除隐患是根本,加强防范是重点,落实责任是关键。安全生产作为一个大的系统工程,必须保证这一系统的每一环节、每一部位、每个工种、每个操作都达到本质安全,才能保证整个系统的安全生产。对建筑企业来说,只有从主要负责人(包括合作队伍的负责人)到每一个部门、每一个班组、每一个岗位操作人员,都有明确的安全生产责任,并严格落实责任,严格按照安全规程、作业规程、操作规程“三大规程”的要求,按照岗位责任制的规定上标准岗、干标准活,做好每一项工作,才能使安全生产工作真正落到实处,安全生产才能得到保障。

安全组织机构的设置应体现高效精干,安全管理人员既要有较强的责任心又要有一定的吃苦精神;既要有较丰富的理论知识、法律意识,又要有丰富的现场实际经验;既要有一定的组织分析能力又要有良好的道德修养。也就是说安全机构不能是框架,不能是迫于形势要求的一个设置机构。组织机构人员要对国家法律、法规知识了解掌握,并贯穿到基层中去;负责修订和不断完善企业的各项安全生产管理制度;负责组织学习、培训企业在职人员安全管理知识和实际操作技能;负责监督、检查、指导企业的安全生产执行情况;负责查处企业安全生产中违章、违规行为;负责对事故进行调查分析及相应处理。

二、在思想认识上,要警钟长鸣

在企业的社会生产活动中,特别是建筑施工行业,安全就是形象,安全就是发展,安全就是需要,安全就是效益的观念,正在被广泛接纳,并更多地受到建筑施工企业的高度重视。我们在施工安全管理的实践与探索中认识到,要搞好工程施工中的安全工作,首要的前提与任务,就是要不断地提高施工管理人员和工程施工人员的安全防范意识。

在工程施工当中,要先提高施工管理人员和工程施工人员的安全意识,才会有他们的安全行为;有了他们的安全行为,才能保证工程施工的安全进行。所以,在工程施工的安全管理当中,如何提高安全意识,使施工管理人员和工程施工人员都具有对施工安全的自觉能动性,就尤为重要。

安全意识的形成,需要一个过程并且要有好的方法。对此应当从三个层面去着眼与落实。

首先,是制定安全规则,并对安全规则进行感性上的认知,这是安全意识形成的第一个层面。在施工安全管理过程中,安全教育、安全交底、违章处罚,都是为了一个目的,就是让大家按照规章、规则执行和操作,从根本上对安全意识进行强化认识。

对于这一层面,我们需要从基础抓起,从管理者与被管理者抓起,切实做好三个方面:①在安全施工管理中,必须针对工程施工的管理现状,全面地制定出各项规章制度,从而保证对施工人员的行为制约;②必须系统地、细致地做好各种工序的安全交底与安排,保证施工人员及设备、财产的安全;③重视做好安全教育,在施工人员中全面确立安全防范意识,确保施工安全。

而在强化对规则的认知中,也充分体现了这一层面的意义。在实践中,我们应该对所有的施工队伍、施工人员推出企业及有关部门的各类管理制度与规定规程,坚决执行与遵守各项协议,真正将管理行为落在实处。通过对安全意识的强化认识,使全体人员从感性上对安全规则得到认知。

其次,是在对安全规则认知的基础上,把认识上升到理性阶段,在工程施工的实践中得到自觉有效的执行。在安全生产实践中,我们认为关键的问题,就是要在每个施工管理人员和参与施工人员的头脑当中建立起安全意识,能够较好地理解安全规则,并自觉地去遵守安全规则。

这一层面,最基本的手段就是安全生产教育。我们可以采取引导的方式,通过一些安全事例和安全事故发生的后果描述等,从对危险源的认识开始,让施工人员从感性的认识上升到理性的认识,让他们从机械的执行规章制度,认识到执行这些规章制度的必要性。从而在工程施工的过程中,极大地提高安全管理的科学性。

再次,在对安全规则的理性认识上,形成自觉的行为规范,把安全意识上升到全体施工人员的自觉能动性。

要做到这一点,我们不能仅停留在对安全规则的执行或安全生产的教育上,而是应该积极发挥施工管理人员和工程施工人员的主观能动性,依靠大家的自觉意识行为,相互提醒、相互督促,在工程施工的实践活动中,认知并了解危险事故的特性,发挥自己的主观能动性,去预见隐患,并采取合理而有效的方法解决隐患。

当所有的施工管理人员和工程施工人员对施工安全管理进行自觉行为的时候,在施工安全管理的实践中,大家就可以自觉地发挥自己的主观能动性,了解危险源的基本情况,及时发现问题,并及时采取解决措施,进行有效防范或制止安全事故的发生。这样,我们的施工安全教育与管理工作就收到了真正成效。

三、在制度保证上,要严密有效

国家已颁布实施了《安全生产法》等法律法规,走上依法开展安全生产之路。我们公司应根据实际情况,建立以安全生产责任为基础的体系文件,确保安全监管有章可循、有章必循、违章必究。

安全规章制度是安全管理的一项重要内容。俗话说,没有规矩不成方圆。在企业的经营活动中实现制度化管理是一项重要课题,安全制度的制定依据要符合安全法律和行业规定,制度的内容齐全、针对性强,企业的安全生产制度应该体现实效性和可操作性,反映企业性质,面向生产一线,贴近职工生活,让职工体会并理解透彻。社会在进步、企业在发展,生产现场的工艺设备为满足生产的需要也必须不断地改进和完善。这就要求我们不能因循守旧,要不断完善和改进有关的规章制度,制订出合理规范的生产操作程序,建立健全各类安全规章制度。一部合理、完善、具有可操作性的管理制度,有利于企业领导的正确决策,有利于规范企业和企业职工行为,有利于指导企业生产一线安全生产的实施。提高职工的安全意识,加强企业的安全管理,最终实现杜绝或减少安全事故的发生,为企业的生产经营和生存与发展奠定良好的基础。

安全制度和规程是用鲜血写出来的,只有严格落实,才能发挥作用。这就需要我们各级安全管理人员始终坚持做到安全面前不讲情面,坚持原则,绝不让“下不为例”现象滋生蔓延。

四、在技术支撑上,要坚强有力

全工作的全过程都必须有强有力的技术工作支持,事实上工程技术工作的全过程中都包含有安全工作。从本质上讲,技术工作和安全工作是紧密相连的。工程项目质量的好坏直接影响着安全生产的质量,当我们的建筑产品(半成品)质量缺陷小的时候,就表现为不合格项,或出现质量事故,当不合格项质量缺陷增大或累积叠加到一定程度时,就会质变为安全隐患,甚至酿成安全事故。

施工安全技术措施包括:安全防护设施和安全预防措施。由于工程结构形式所采取的施工方法不同,应当根据工程施工特点、不同的危险因素和季节要求,按照有关安全技术规程的规定,结合施工经验与教训,编制有针对性的安全技术措施。工程开工前应进行施工安全技术措施交底,并落实到施工班组或个人,实施中应加强检查(自检、互检),纠正违反安全技术措施的行为。

五、在监督检查上,要严格细致

安全检查要有针对性,求实效,要着重于事故的防范。系统的、有效的检查是发现事故隐患、控制事故发生的有效途径,不断改善生产条件、作业环境,达到安全生产状态。安全检查的方式有:定期检查、日常巡查、季节性和节假日安全检查、班组自查和交接检查。内容主要是查思想、查制度、查机械设备、查安全设施、查安全教育培训、查操作行为、查劳保用品使用、查“三违”、查工伤事故处理等。对检查中发现的问题和隐患,实行“三定”,即:定责任、定时间、定措施,限期把存在问题和隐患进行全部整改。

项目的安全检查必须做到:

(1)定期对安全控制的执行情况进行检查和考核评价;

(2)根据施工过程的特点和安全目标的要求确定安全检查的内容,分析隐患原因及整改落实情况;

(3)安全检查应配必要的设备、器具、人员;

(4)检查应采取随机抽样、现场观察和实物检测的方法,并记录检查结果,纠正违章指挥、违章作业;

(5)依检查结果编写安全检查总结,月底上报检查结果。

抓好现场的查隐患、抓整改的工作。隐患险于猛虎,你不消灭它,它反过来就会伤到你。这里说的隐患分为两类:一类是现场的设备、安全设施,环境存在的看得见、摸得着的隐患,这需要我们企业基层管理人员去查、去落实、去整改,并发动员工积极查处身边隐患,确保生产安全运行。另一类是人的思想隐患,这类隐患是安全隐患的大敌,歼敌良方便是增强人的安全意识,树立“安全第一”的思想。我们基层管理人员不但要自身牢固树立“安全第一”的思想,更要深入到作业层中,抓住不同类型员工的安全心理,因时而异、因人而异,并在教育的内容、形式和手段上不断改进和创新,使安全教育培训和员工的心理形成共鸣,这样员工才能将安全理念内化于心,外化于行,才能切实承担起安全责任,真正表现出“黑天和白天一个样,坏天气和好天气一个样,领导不在场和领导在场一个样,没有人检查和有人检查一个样”。

项目部对安全隐患的处理应做到:

(1)区别通病、顽症、首次出现、不可抗拒事件等,分类型修订和完善整改措施;

(2)对查出的隐患立即发出整改通知单,由受检单位分析原因,制订纠正和预防措施;

(3)当场检查指出违章指挥和违章作业,指定责任人限期整改;

(4)跟踪检查与记录,查纠正措施和预防措施执行情况。

在安全大检查上下工夫,把安全检查项目、整改措施都一一具体落到实处,不留下任何的蛛丝马迹。做到横向到边,纵向到底,一级对一级负责,形成千斤重担人人挑,个个肩上有指标的良好氛围。

六、在事故处理上,要严肃认证

(1)安全事故处理:对安全事故的处理必须坚持“四不放过”,即:事故原因不清楚不放过;事故责任者和职工没有受到教育不放过;事故责任者没有处理不放过;没有制订防范措施不放过。

(2)安全事故的处理程序是:报告安全事故;安全事故调查;处理安全事故;编写事故报告并上报。其中“处理事故”包括:抢救伤员、排除险情、防止事故蔓延扩大、做好标志、保护现场。

为提高抗御安全事故的快速反应能力,最大限度地减少事故损失,保障国家财产和人民生命安全,维护社会稳定,根据《中华人民共和国安全生产法》及有关法律、法规的要求,各施工企业都应建立安全事故应急救援体系。施工企业及施工现场必须由企业法人和施工现场项目经理分别担任公司、施工现场应急救援小组组长,加强对各类特大事故的应急工作的领导,选派骨干力量分别担任通信组、抢救组、交通治安组、救治组、物资供应组、善后处理组的组长。并备齐救援物资,如车辆、起重机、担架、氧气袋、止血带、送风仪器等。按照各自的职责和分工迅速有效地组织抢险救援工作,防止事故扩大,努力减少人员伤亡和财产损失。

安全工作千头万绪,关键是各级安全生产责任制要落实到位。基石不存,大厦何在。我们要把责任落实到每个人头上,使人人感觉到自己的责任。安全责任重于泰山。作为企业管理者,在抓安全工作时一定要在认真上下功夫,在落实中动真格。不管企业如何发展都要以大局为重,以人为本。以重于泰山的责任,以安全文化的内敛力,以严格管理的影响力,来扎扎实实做好企业的基层安全工作。这样,职工的生命和企业财产才会有保障,社会才能稳定,企业才会有效益,企业才能得以健康、可持续地发展。

国际工程投标报价中的问题及其应对

杨俊杰，刘　晖

随着中国工程承包公司"走出去"步伐的加速和承揽国外工程项目的增多，投标报价中彰显的问题也层出不穷，某些公司的经济效益已面临着严峻的挑战，亏损在某些地区还带有普遍性。当前，造成投标报价中出现诸多问题的主要原因归结起来如下：

1.对工程投标项目缺乏制度性的立项评估。所犯错误在于盲目自信，往往自认为本公司实力强，以往做过此类项目，无论是在项目管理方面、技术方面还是商务方面都没有问题。如某公司承揽的中东某国的一个学校工程，对投标文件中的合同条件没有仔细研究，就开始根据图纸按中国定额报价，再加系数，预期利润为15%，其结果是"鸡飞蛋打"、"颗粒无收"，经济损失"一塌糊涂"。这种表面上看起来不成问题的问题倒成了大问题，究其深层次原因，在于对招标文件、投标文件、合同条款、报价文件(报价书)等，从根本上没有评估评价制度或有制度不认真履行，这是普遍存在于某些公司里仍走"回头路"的"旧观念"或是可怕的惯性"意识流"。

2.缺乏应有的技术手段和工具。国外的国际工程跨国公司，一般都设置投标报价班子的常设机构，并培育自己本公司的合同谈判专家(如美国、英国)，平时收集、分析、整理、归纳、总结工程项目的投标报价案例资料，吸纳工程风险案例(如日本)，一旦定下项目，立即上马操作，手段先进，技术纯熟。如，抽屉报价法、模块报价法、评估比较法(动态的)、项目类比法、定额报价法(根据市场情况，制定的本公司的专用定额)等。并充分运作IT信息类投标报价管理软件，比较快速、准确、可靠地提出价格报告，体现了一个成熟的国际公司的形象和投标报价的操作水平。

3.缺乏组织上的保证。组织保证应当包括：人财物的保证、系统上的保证、工作质量的保证、绩效方面的保证(奖罚)、团队建设方面的保证等。投标报价是一个较大的系统工程，包括投标计划、报价计划、协调计划、审查计划、跟踪监控。一个缺乏组织系统保证的公司是不可能做到既搞好技术标，又搞好商务标的。应该说，投标报价班子的人选，大都是公司的精英人才，发挥他们的积极性、主动性、创造性，使他们在投标报价中成长发展尤为重要，这就需要总部主管领导放在心间经常策划考虑和投标报价团队本身的持续性努力。

4.缺乏全面风险防范机制。由于各国经济发展水平的差异，市场经济条件大相径庭，社会制度、运作机制各异，各国政府的方针、政策、条法不同等各层面的种种因素的不确定性，加大了投标人投标报价的全面风险源，这是特别需要投标人万万不可忽视的一大问题。这里强调的是全面风险防范机制，不是单一的或个别的风险防范。目前，政治、经济、法律、国别、技术、自然、合同和承包商自身等风险多如牛毛，防不胜防，已经威胁到投标人的核心利益和环境安全。因此，必须建立健全全面风险管理运作机制，从组织、经济、合同、管理等多方面、全方位、系统化地进行各层面、各级次、分系统的风险防范运作机制。中国许多公司投入研发、不惜一切代价已经建立健全了风险管理机制，并在工程项目中发挥了效用，取得了成果。

5.投标报价中经常犯低级或技术性错误。包括：没有精细地阅读招标文件，报价陋习（仅靠施工图纸），报价低级失误(漏项、漏算、重算、误算)，不重视施工经验和忽略某些应该加进的系数或不应该加进的系数，哪些系数在什么情况下考虑加上去，还有就是标价的构成、单价的组成。随着国际工程发展和变化出现了新理念、新潮流，如，HSE一体化设计或深化设计等，这些技术性问题影响投标报价非常大，中国公司以往大多数或不计或系数设置很低，没有按国际规则和国际惯例行事，经济上吃了不少亏。

6.提高投标报价的工程管理人员的素质势在必行。说一千，道一万，一言以蔽之，即，投标报价人员的整体素质和综合素质不很理想，在很大程度上影响了投标报价的高质量、高效率、高效益。国际工程的形态不断向前发展，投标报价的形式也在发生着变化，因此，投标报价人员必须以国际视野，适应新的潮流，持续不断地学习投标报价新技术，并使自己应用自如地熟练化，应当与投标报价失误、失衡、失败决裂，为国家利益、为集团利益、为团队利益和自我利益创造途径和实现理想的目标。

为此，我们建议：

1.各公司总部建设全面的、完整的、配套的、系列化的数据资料库，以提升投标报价的整体水平和投标报价人员的素质。如图1所示。

2.建立专家评估评审评价制度。这是世界上跨国公司多年来行之有效的，甚至能起到立竿见影的作用，即花很少的费用（占工程造价比例小），通过评价(项目选择、项目立项)评估(投标书、报价水准)评审(投标原则、合同条件、风险预测、纠正错误)，得到不可替代的效果，是对总部最终报价定夺的必要补充，这是被某些公司的项目决策事实所证明了的，据笔者所知，有的公司对非洲项目的评估，获利比较大，这方面做得很好，是其中的一个重要原因。

3.运用IT管理软件和网络途径，全程观察、监控和指导工程项目的投标报价系统的流程。以克服只顾眼前完成任务的功利主义，克服单凭以往业绩来实施报价的经验主义，和盲目自信滥用个人权力来投标报价的虚无主义，使投标报价的全过程控制在总部目标及相关部门下有条不紊地、有规有矩地顺利进行。这种建设性的理念必须同总部建设同步进行才会发挥作用和效益。

4.投标报价人员，必须树立三个观念：即，责任意识、忧患意识、共克时艰。投标报价是关系到工程项目能否获取中标权的头等大事，关系到公司持续性发展的重大问题，因此，投标报价人员的责任重大是毫无疑问的。投标报价阶段，处处隐藏着风险和不确定性，不会一帆风顺，这是树立忧患意识的一个重要内容，必须认认真真、兢兢业业地努力做好这个阶段的工作，来不得半点骄傲自满，应当聚精会神、全神贯注，当然也不必有“穿针心理”或“目的颤抖”的态度，只有这样，才能把投标报价做到“海到无极天作岸，山临绝顶我为峰”的境地。

5.建设和发扬投标报价文化。投标报价文化建

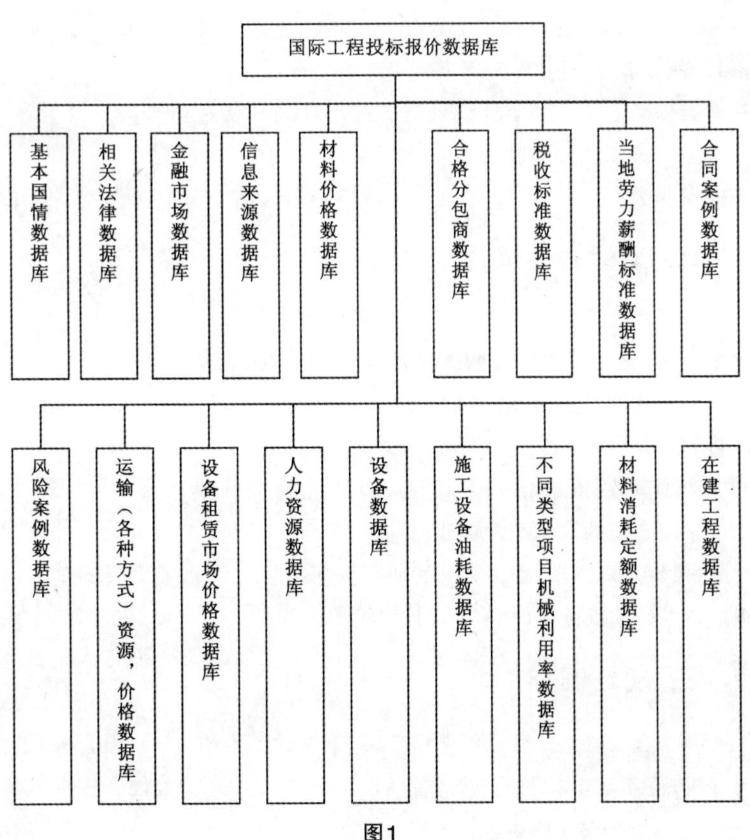

图1

设是国际工程承包企业文化建设的重要组成部分,应融入企业文化建设全过程。它至少包括(但不限于):

(1)树立正确的投标报价管理文化理念;增强投标报价团队管理意识,并将其转化为员工的共识和行动力量。

(2)在企业内部各个层面营造投标报价管理文化氛围,加强投标报价团队建设,形成多个项目的报价班子,做到招之即来、来之能战、战之能胜。

(3)集团总部应高度重视投标报价管理文化的培育。采取多种途径和形式,加深对工程项目投标报价管理理念、知识、流程、管控等核心内容的培训,培育投标报价管理人才及其拓展投标报价管理文化等多项内容。

(4)强化投标报价全员的法律素质教育和制定道德诚信准则及合法合规的投标报价管理文化。

(5)在公司内部努力传播投标报价文化,牢固树立投标报价的重要地位,夯实投标报价的“三个意识”,严格防控投标报价中的风险,审慎处置重大岗位管理责任,提高投标报价的中标率。

附:国际工程施工总承包投标报价计算案例

一、工程简介

A国近郊建两个容积为800万UKgal(3636.872万L)的钢筋混凝土蓄水池,包括阀室、计量台、2km的铸铁管线以及水库区的办公、市政工程、围墙工程等。钢筋均为环氧树脂涂层。水池底板、顶板和外墙的施工缝和伸缩缝防水采用橡胶止水带、止水帽及密封膏。工期20个月。工程项目资金完全到位,支付基本有保障。承包商需要提供施工组织计划和资金流量表。该工程预付款为15%;履约保函为10%;维修期保函为5%。

二、招标文件概要

该项目为国家政府投资,实施国际化国际公开招标,咨询方为英国某咨询工程师,采用FIDIC土木工程施工合同条件(1987年版),按英国BS技术规范进行施工作业、检查、验收和最终交验。投标保函为2%。经总部投标报价中心及相关部门研究,该项目适于该集团公司的承包经营管理,总体认为该项目利大于弊,确定可以立项,购买标书和研究分析招标文件,组成该项目的投标报价组,进行投标组价工作。

三、现场调查

中方公司在该地区已经营多年,对该国的基本情况、政治经济、法律法规、自然条件、社会发展等现状和趋势较为清楚,是中国承包公司的传统市场之一。其主要特点是:政局稳定,国民生活富足,生产资料和物资供应充足,主要来自欧、美、日等第三国国家,其国家经济命脉主要来源于石油和天然气工业,给该国带来巨额财富,国际硬通货币可自由兑换;气候干燥,沙漠地带,夏天极为炎热,对施工组织影响较大;海洋性气候,空气中含硫和含氯量比较大,混凝土和钢筋混凝土易腐蚀,这是需要解决的比较大的风险难题之一。

四、复核工程量

对照雇主提供的全部施工图纸,承包商的投标报价组的工程师认真复核了招标文件中提供的工程量表中的工程量,基本无大出入。仅有极少量的施工图纸需要深化。

五、制订施工规划

(1)主要是钢筋混凝土工程量,共35 000m³混凝土量,且钢筋带涂层。钢筋混凝土底板尺寸5m×5m×1m,共计704块,水池尺寸长110m,宽82m。因此平面吊装是个关键问题。为了降低报价,采用凹字形倒退安装方案,只租赁一段时间的50t汽车式起重机就可解决,避免了长期租用或购买大型塔式起重机而可能花费的比较高昂的费用。

(2)水池周边钢筋混凝土底板下部有三根斜桩、三根直桩,桩均为钢筋混凝土灌注桩。考虑地质比较硬,桩数不多,由承包商自己的打桩队伍施工不合算,决定分包给当地公司。

(3)鉴于地下水位高,水池基础开挖的降水也分包给当地公司。

(4)由于该国商品混凝土业比较发达,且价格较低,采用购买方式,可省去建搅拌站和一部分管理及操作人员。

(5)考虑到市场上各种施工机械设备都能买到或租到,工期相对较短,大型设备基本从当地租赁。

(6)市场上外籍劳工比较充裕,且适应当地情况,能吃苦耐劳,技术上也比较娴熟,价格低廉,多年在该国从事劳务适应性较强,原则上考虑,除项目经理和技术骨干外,在当地雇佣所需各工种的工人。

六、计算工、料、机单价

6.1 人工单价

全部采用当地外籍劳工,按当地一般熟练工月工资为300美元,施工机械司机工资为400美元(计入施工机械台班费)。考虑到施工期间(20个月)工资上涨系数为10%,招募费、保险费、各类规定的附加费和津贴、劳动保护等,增加一个15%的系数,故工日基价为:

一般熟练工 300×1.25÷25=15美元/工日

按施工进度计划计算用工数,折成熟练工,总用工数为154 560人。

6.2 材料单价

根据考察,钢筋、材料、铸铁管需要进口,其他建筑材料都可从当地市场采购。不论什么来源,统一转换计算为施工现场价格,并分项列出材料价格一览表。

6.3 施工机械台班单价

该项目的大部分设备,如反铲、装载机、25t汽车、叉车、切割机、弯曲机等都是从本公司其他工地转过来的,考虑到都是用过多年的设备,决定一次摊销机械设备的台班费,计算公式为:

台班单价=(基本折旧费+安装拆卸费+维修费+机械保险费)/总台班数+机上人工费+燃料动力费

基本折旧费=(机械设备原值-余值)×折旧率

由于考虑一次摊销完,余值为零,则折旧率取100%,因此,基本折旧费=机械设备原值

安装拆卸费,按实际从公司其他工地调遣过来所须花的费用计算,如装卸费、运输费等。

维修费=机械设备值×年维修基金率×工期/12

机械设备保险费=机械设备原值×设备投保比例×年保险费率×保险期限(按2年保险)

机上人工费=定员×月劳务费×工期=定员×400×1.25×工期

燃料动力费=设备定额功率×燃料定额值×油耗利用系数×燃料油价值

台班费中的各项参数取值,各公司有自己的取值数,本例中:

- 机械设备余值为0;
- 年维修基金率为10%;
- 年工作台班数:一年12个月,每月按25.5d计,每天工作1台班,机械利用率为80%,则有:12×25.5×1×0.8=244.8d,按250台班/年计;
- 机械设备投保比例取50%;
- 年保险费率为1%;
- 油耗利用系数为0.5。

有些短期使用的大型起重机、推土机等当地租赁设备,台班费适当加管理费(如5%)就是报价时所用的台班费。

七、计算分项工程直接费

计算出了人工、材料、设备单价后,根据在该地区的施工经验,参照国内相关定额调高30%(30%是个经验数,视具体项目,还要按照施工队伍管理水平、以往的施工经验、技术水平和机械化水平具体分析后审慎地确定各分项的系数,此系数绝不能盲目取用),然后,按招标文件中的工程量表,分项目计算,汇总得出自己施工项目的直接费。

八、分包价格计算

根据当地法律规定和承包商经验,部分专业施工项目分包给当地承包公司比较合适。本案例中有以下项目分包,价格是用实际分包商报价乘上管理系数1.1(取上限)。

- 打桩工程-钢筋混凝土灌注桩;
- 仓库装修;
- 无线电工程;
- 临时道路;
- 市政工程。

九、计算间接费

根据当地情况和间接费内容分项一一计算，其中，施工管理费也是间接费当中的一项，但由于施工管理费计算项比较多，因此，单独列在下一部分计算。

9.1　投标开支费用

包括：购买招标文件费，实际开支 1 200 美元；招标差旅费，投标时国内派出 10 人次 3 个星期在当地考察作标，按每人开支 2 000 美元，2 000×10=20 000 美元；投标编制费，实际计算开支 2 000 美元。

9.2　投标保函手续费

按招标文件规定，投标保函为投标报价的 2%；履约保函为合同价的 10%(两年)；维修保函为合同价的 5%(一年)；预付款保函为合同价的 15%(两年)。

A 国为自由海关，临时进口设备，关税保函只交少量手续费 2 000 美元，初步估计合同总值为 1 900 万美元，银行开保函的手续费按 1.2%计。保函手续费总值为：

19 000 000×(2%+10%+5%+15%)×1.2%+2 000=71 120 美元

9.3　保险费

招标文件要求承包商要投工程一切险，要求第三者责任险的投保金额为 100 万美元，当地保险费率为 0.24%。

(19 000 000+1 000 000)×0.24%=48 000 美元

9.4　税金

根据当地的收税要求合同税金

19 000 000×3.3%=627 000 美元

9.5　经营业务费

包括以下方面。

(1)代理佣金

按合同签订的代理合同条款支付合同总价的 1.5%，应支付额为：19 000 000×1.5%=285 000 美元

(2)雇主和咨询工程师费用

建现场办公室：247 800 美元

现场人员 4 名，平均每人每月开销 3 000 美元(包括加班费、办公费、水电、油料等)。3 000×4×20=240 000 美元

(3)法律顾问费

本公司驻 A 国经理部长年雇佣一名律师，每月支付 1 000 美元，考虑到打官司不会太多，出庭再按标准支付。

1 000×20=20 000 美元，出庭费 5 000 美元，合计支付法律顾问费 25 000 美元。

9.6　临时设施费

临时设施包括住房、办公室、食堂、会议室等，共需 20 栋活动房屋，平均每栋 2 000 美元，折旧 50%，使用费为 1 000 美元

1 000×20=20 000 美元

仓库、车间等 10 000m²，按每平方米 10 美元计算，共计 10 万美元。

9.7　贷款利息

周转资金向总部借贷 250 万美元，年利率 8%，贷款期限 20 个月。

2 500 000× 8%÷12×20= 333 333 美元

十、施工管理费

10.1　管理人员的后勤人员工资

共 26 人。每人按 20 个月计算，减去国内工资为每人每月 150 美元，基本工资为：150×26×20=78 000 美元

置装费每人 117 美元(1 000 元 RMB)

117×26=3 042 美元

往返机票，每人 1 726 美元

1726×26=44 876 美元

国外固定工资，公司采用国外六级工资制：

A 级 1 人　　2 500×1=2 500 美元/月

B 级 3 人　　2 000×3=6 000 美元/月

C 级 10 人　　1 500×10=1 5000 美元/月

D 级 9 人　　1 300×9=11 700 美元/月

E 级 1 人　　1 200×1=1 200 美元/月

F 级 2 人　　1 000×2=2 000 美元/月

合计 26 人

38 400×20= 768 000 美元

奖金，每人每月平均 200 美元

200×26×20= 104 000 美元

10.2　人员其他费用

集体签证费，包括劳动局、移民局申请费，每人 38 美元

38×26=988 美元

入境手续费包括体检、劳动合同、劳工卡、居住证等，每人 150 美元。

150×26=3 900 美元

离境手续费，包括有关手续费每人 50 美元。

50×26=1 300 美元

出国前办护照费，每人 450 美元。

450×26=11 700 美元

10.3 办公费

包括各种办公用品、日常用文具、信封、纸张等，共计 8 240 美元。

10.4 通信水电费

包括通信费 23 240 美元；水电费 17 786 美元。

10.5 交通差旅费

共计 130 000 美元。

10.6 医疗费

每人按 250 美元计。

250×26=6 500 美元

10.7 劳动保护

包括：

高温补贴，每人每月 20 美元。

20×26×20=10 800 美元

劳保工作服、鞋，每人按 50 美元计。

50×26=1 300 美元

10.8 生活用品购置费

包括厨具、卧具、冰箱、卫生间用品等共计 20 320 美元。

10.9 固定资产使用费

统一折旧取 50%，维修费率为 20%。

车辆 5 部，每部原值 25 000 美元，使用费为：

5×25 000×0.7=87 500 美元

生活和管理设施，包括复印机、计算机、空调、办公桌椅、电视、录像机等共计 30 900 美元。

10.10 交际费

取合同总价的 2%，19 000 000×2%=380 000 美元

10.11 间接费小计

施工管理费为 1 574 474 美元。

综合以上，计算出直接费 A=自营直接费+分包费=12 985 270.9 美元

间接费 B=3 598 767 美元

得出间接费率 $b=B/A$=3 598 767÷12 985 270.9=27.71%

十一、上级管理费

按公司上缴 4%，即 649 888 美元

十二、盈余

盈余是考虑风险费(包括不可预见费)和预计利润。由于公司的发展经营策略是力争拿下此项目。其原因是利用临近地点已完成工程剩余下的管理人员，以及考虑继续占领和开拓该市场；并考虑到由于此项目竞争非常激烈，施工过程中的风险预测又不是完全到位，在施工周期中，不确定因素估计还会出现，因此，决定此费率只取 10%以内(一般应取 7%~15%)。

十三、单价分析

对招标文件工程量表中的每一个单项逐项做单价分析表，算出每一个单项的价格。然后，从采用的定额是否合理，每个单项工程计算出的价格是否符合当地情况，与类似工程项目比对是否有误，标价是否具有竞争力等方面进行单价分析研究(表 1)。

十四、汇总投标价

将上述所有单位估价表中的价格汇总，即可得出首轮的总标价。用这个总价再复算。例如：保险费率、佣金、税收、贷款利息以及不可预见和预计利润等。送投标书前再根据各方面得到的信息情况，对待摊费比例进行调整。

十五、报价评估与标价分析

该项目为构筑物，有一定的专业性。标价评估请专业比较强的专家和公司的主管领导、公司内专家及其报价组长等，采用专家打分法进行，设置的指标为：标价、工期、技术、雇主信誉、咨询工程师、工程管理等六项，最终评分为 70~80 分即可认为此项投标报价颇具竞争力，中标在即(表 2)。关于风险评估主要分析了该国的合同条件（比较严苛）和施工条件(酷热)，并有应对措施。

单价分析表格式 表1

单价分析表(示例)

工料机名称	单位	单价(币种)	土石方开挖:XXXX m^3		
			定额单位:XXX m^3		
			定额	数量	金额
人工	工日	XX	XX	XX	XX
材料					
水泥	t	XX			
砂子	m^3	XX			
碎石	m^3	XX			
木材	m^3	XX			
铁钉	kg	XX			
水	t	XX			
其他零星材料					合计价格
机械					
$1m^3$ 挖土机	台班	XX	XX	XX	XX
$16m^3$ 空压机	台班	XX	XX	XX	XX
70潜孔钻	台班	XX	XX	XX	XX
220HP推土机	台班	XX	XX	XX	XX
320HP推土机	台班	XX	XX	XX	XX
$5m^3$ 装载机	台班	XX	XX	XX	XX
16t 自卸车	台班	XX	XX	XX	XX
16t 洒水车	台班	XX	XX	XX	XX
皮卡车	台班	XX	XX	XX	XX
小型机具					合计价格
直接费小计					XXXX
待摊费(比例)					XXX
上级管理费(比例)					XXX
盈余(比例)					XXX
费用合计					XXXX
单　价	货币单位　美元/m^3				XXX

项目投标机会评价表　　表 2

评分法对投标机会评价							
投标项目指标	权数(W)	评价值					$W \cdot C$
		好(1.0)	较好(0.8)	一般(0.6)	较差(0.4)	差(0.2)	
标　价	0.3	√					0.3
技术(施工)	0.15		√				0.12
工　期	0.15			√			0.09
雇主信誉	0.15		√				0.12
咨询工程师	0.1			√			0.06
工程管理(合同)	0.15			√			0.09
合　计							0.78

工程标价构成表　　表 3

工程标价构成内容	金额(美元)	比率(%)
一、人工费	1 932 000	10.18
二、材料费	8 744 705	46.09
三、施工机械费	799 475	4.21
其中:自有机械费	666 268	
当地租赁费	133 207	
四、分包费	1 509 090.90	7.95
其中:打桩工程	330 136	
仓库装修	59 726	
无线电工程	61 917	
临时道路	4 274	
市政工程	1 053 037.90	
五、直接费小计	12 985 270.90	
六、间接费合计	3 598 767	18.97
其中:投标开支费用	23 200	
保函手续费	74 960	
保险费	48 000	
税金	627 000	
经营业务费	797 800	
临时设施	120 000	
贷款利息	333 333	
施工管理	1 574 474	
七、上级管理费	663 362	3.50
八、盈余(风险和利润率)	1 724 740	9.09
九、工程总报价	18 972 139	100.00

为使公司决策者拍板确定最终投标价格，投标报价组要整理出供领导决策使用的工程标价构成表(表 3)。

向决策者汇报时,还要对材料费取费、机械设备取费、竞争对手情况进行分析,以便把投标价格最后确定下来。

河南昊华宇航“双二十”氯碱工程实践

周锡泽

(中国天辰工程公司管道工程部，天津 300400)

摘　要：目前我国氯碱行业激烈竞争，已由原来70家猛增到90余家，生产能力高达1 600万t/年。不仅如此，新建、改建、扩建项目不断展开。面对迅速发展的市场，我们的设计工作异常饱满，同时，设计领域的竞争也异常激烈。为了争取、占领市场，我们不能机械地重复翻版设计，我们要不断推陈出新，做出我们的特色。因此，有必要对已建完成的项目进行总结，找出差距，纠正错误，弥补缺陷，以便提高我们的设计质量，力求多出精品，稳占市场。

关键词：努力进取，追求精品

1.概述

河南昊华宇航氯碱工程年产烧碱、PVC塑料各20万t，简称“双二十”项目。该项目于2006年6月破土动工，至2007年10月建成，历时16个月，经多方努力，一次开车成功。于10月12日、10月19日烧碱、PVC装置相继产出合格产品。

本项目由两大主生产装置及外加公用工程装置、办公楼、生活设施总共73个单元组成，占地500亩，总投资9.8亿人民币。

装置总体布局合理，物流顺畅，条块整齐，错落有致。厂房大小合适，形式得体(该露天的露天，该封闭的封闭)。设备、管道布局紧凑合理，均符合规范要求，满足安全、生产操作要求，达到国家级设计水平。

任何事物都是一分为二的，既有成绩也有缺点，何况近十亿元投资的大项目，涉及专业十几个，参加人员近百人。各环节出现些问题是可以理解的，但应明确指出，本工程中无重大原则性错误，所存在的是局部、可修改的一般性问题。这些问题都在施工中、试车中得以解决。

本总结重点找出设计中的不足、缺点、错误，目的是在下一个工程中整改过来。另外，对同一个问题笔者与设计者有不同观点，加以阐述，提出建议，供设计者参考。

本工程中正式变更210份，联系单150份，土建前期未统计的变更约100份。在这些变更中，设计占50%，业主要求改动占27%，到货设备与原设计条件不符占13%，施工中出错占10%。

2.工艺方面

2.1　一次盐水工段

根据业主操作经验，要求取消向烧碱高位槽V-416中加水、通气管线。

业主认为，从P-409一次盐水泵将回流管线BRC-4036-250-HIRF2上的蝶阀改为隔膜阀更能防腐、不污染盐水。

由520工段送来的轴封水原设计欲接到V-401粗盐水贮罐任一根进液线上。根据操作情况看，由于压力、流量不同可能引起倒流，妨碍正常输送，不便控制。因此,还是单独入罐为宜。因而,需在 V-401 上另开新口(现场已补开)。

盐水加热器 E-401 换热器采用板式间接加热,又慢又复杂。青岛海晶氯碱厂将其改为蒸汽与盐水混合直接加热,使用效果良好。做法是:在卧式加热器中蒸汽与盐水混合,操作简单,使用稳定,请工艺考虑是否可以吸纳这一做法(图 1)。

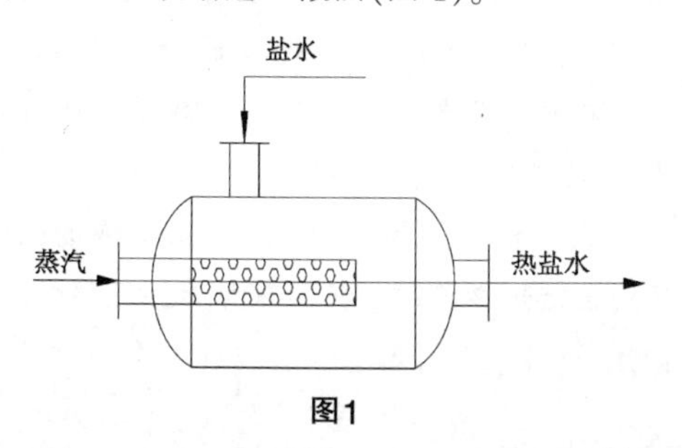

图1

粗盐水线 BRC-4010-250-H2RF2 在进预处理器 V-405 之前接一根 *DN*150 排泥线至总管。当来的盐水含泥多不合格时,不必进预处理器,可直接排走。本厂已按上述意见修改,效果良好。

2.2 二次盐水及电解工段

同样存在盐水加酸接口处所用管道材料不同的问题。

去脱氯塔淡盐水管线 BR-2611-200-T1RF1 在加酸处换成 G1FF2 玻璃钢衬塑短管。

由淡盐水泵 P-264 打入氯酸盐分解槽 D-360 管线 BR-2621-65-T1RF1 中加酸口处短管仍然是 T1RF1 钛材。

精盐水 BP-2011-125 在进电解槽前加酸处材质未变也是 T1RF1 钛材。

以上三种情况有矛盾,经与相关专业探讨研究,确认第一种材料用法正确,第二、第三两种用材不是很理想。原因是,酸进入钛管与盐水相混合瞬间浓度较高,对钛材寿命有影响,加一段玻璃钢衬塑短管可起到耐酸缓解作用。第二、第三两种材料形式可以用,但不是最佳选择。以后再设计时应调为一致。

碱液冷却器冷却水进出水口上下画错,导致蒸汽接管发生错误。冷却水应下进上出,蒸汽应在出水管上进入,凝液从进水管下排出(图 2)。

流程图应修改过来。

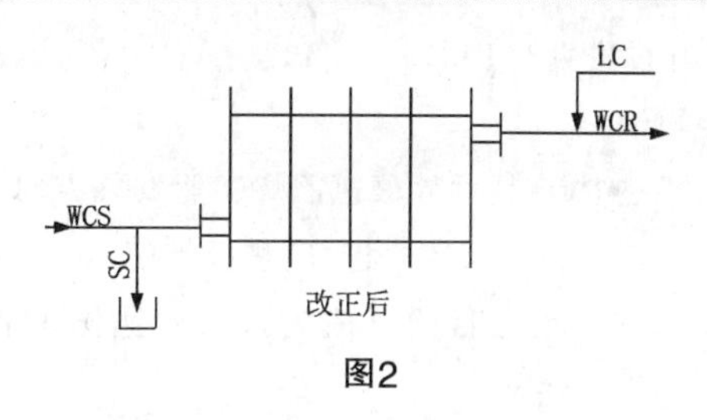

图2

2.3 液氯包装550工段

液氯卧罐 V-604 端头液位选用磁翻板液位计。在剧毒介质、低温环境下,磁翻板液位计上下伸出口有阀门增加泄漏点,翻板有时滞住不动作。根据这一情况有些生产厂家已将翻板取消,改为从罐封头直接加连通管方式。运行中根据直管结霜高度来判断液位高低。此法虽土,但很直观好用(图 3)。

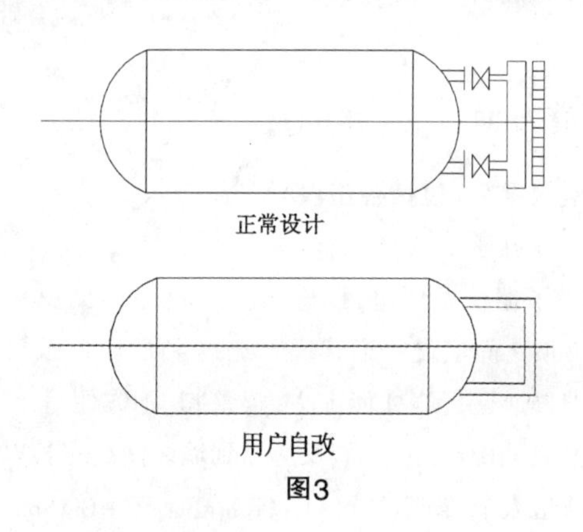

图3

供工艺专业参考。

2.4 成品罐区580工段

废硫酸贮槽 V-907 根据业主方操作经验,装卸料时放空气体夹带氯气污染环境侵害人身健康。为此,补加了正、负水罐。

2.5 瞄向新工艺技术

随着 PVC 行业的发展,原料路线应先进化、合理化,装置规模大型化是我国聚氯乙烯工业发展的方向。

目前,国外大多数企业采用乙烯法生产 PVC 产品,质量高、能耗低、污染小、经济、成熟。我国东部地区的齐鲁、北二化、上海氯碱、天津大沽等大型企业主要采用乙烯氧氯化法生产 PVC。二氯乙烷裂解法较先进,但原料需进口,东部沿海地区的沧化、锦化、大沽北、上海氯碱等少数企业已采用,其余西部地区主要是电石法生产 PVC。

经归纳：

乙烯法 PVC 是世界聚氯乙烯工业发展方向。

二氯乙烷裂解法较先进，应积极推广。

天然气乙炔法目前已成为世界发达国家制造 VCM 的主导方法。

以煤为原料，采用等离子体法进行煤转化制取乙炔法是化工开发热点。

就我国资源条件而言，发展乙烯法、天然气氧化法制 PVC 是大的发展方向，技术成熟、先进，有企业生产实例。这方面的技术我们应积极主动收集、学习、掌握，作为储备，为新的挑战创造条件。我们不能只拘泥于电石路线生产 PVC，我们还要向新的领域扩展，只有这样，我们的路才能越走越宽，前程越来越广阔。

3.管道方面

3.1 烧碱装置(包括各工段)

一次盐水工段(510)：

为了巡检方便，由厂房+16.500m 平面到反应器 R-401 顶之间应设一通道，否则，若到反应器顶要从预处理器通道折绕才能上去，很蹩脚，不方便。

厂房+10.000m 平面，反应器到墙之间配完管以后墙根通道太窄，最窄处仅有 400mm，应有 1 000mm 为宜。主要是未考虑到沿墙下来的竖管占位问题。

厂房楼顶加压储气罐顶部+23.550m 设为半平台，罐顶附件、阀门多，需检修、操作时人员在此无依无靠，光滑的椭圆罐顶距下层 7m 多高，非常危险。因此，建议做成全平台，将罐包起来是非常必要的。

厂房北端从一楼到二楼水泥楼梯太窄，公称 1m 宽，减去两侧水泥条台各 150mm，实际梯宽仅有 700mm。作为主要通道实在是窄了点，给人感觉像在夹缝中行走。应提示土建专业下次再设计时加宽到 1 400mm 为宜。

盐库中加压泵尾端距东墙约 600mm，太近，无论检修还是作为通道都不够宽。厂房宽大，通道窄小，很不协调。再做时东墙再扩出 1m 为宜。

由化盐池到反应池连接的折流槽 V-402 尾部最好设一个条形箅子，以除去原盐带入的树枝、树叶、杂草、废塑料等物。

盐泥板框压滤机挤出的盐水自流入 V-401 淡盐水槽，而这条自流管起点比槽入口低了 200mm，不能自流。这是一重要问题。尽管可以用压缩空气压过去，但这不是工艺原意图。下次设计时一定要注意起止点高度这一问题。

化盐池 V-402 底部淡盐水分布器设计问题。原设计中，从总管两侧引出 *DN*50 支短管，管口朝上，顶部做防雨帽式分布器，加工繁琐且数量多达五十几个。另外，防雨帽承受固体盐冲击，压力较差，施工既耗时又费力。根据实际使用工况，几个现场已改为 180°弯头直接焊在管端。经山东海能、南京化工厂和本厂使用，效果很好。希望今后设计中采纳这一做法(图 4)。

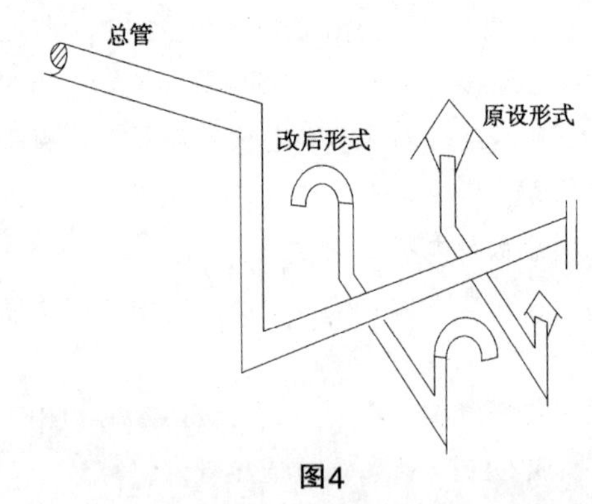

图4

反应池顶有搅拌机，搅拌轴直伸池底，由于轴较长(5m 多)，且功率大，运行中轴晃动、不稳，影响作业。为此，应当采取稳轴措施，通常做法是在池底对中处埋一块 $\phi600$ 钢板，焊限位斜撑，再与轴末端活动环焊在一起，起到把持限位作用。只要先埋好板，限位件可现场补做。

V-404 折流槽中的折流板没有固定设施，漏设计。现场用膨胀螺栓啄一块塑料板固定在槽壁上，之后再将折流板熔焊在这块基板上，处理了该问题。

3.2 二次盐水及电解

电解厂房内北侧上二楼的钢梯作为主要通道，45°还是有点陡，上下行不是很自如，一楼有空地，建议做 30°梯更为合适，向结构提条件时要明确这一要求。

电解槽头梯子的设计形式问题。槽头小梯传统做法多为斜钢梯。问题出在槽头阀门多，梯子斜在阀

群之上，行走挡道，开阀受阻，上梯碰头。为此，本现场已改成简易小直梯，悬于阀群之上，腾开了操作空间(图5)。

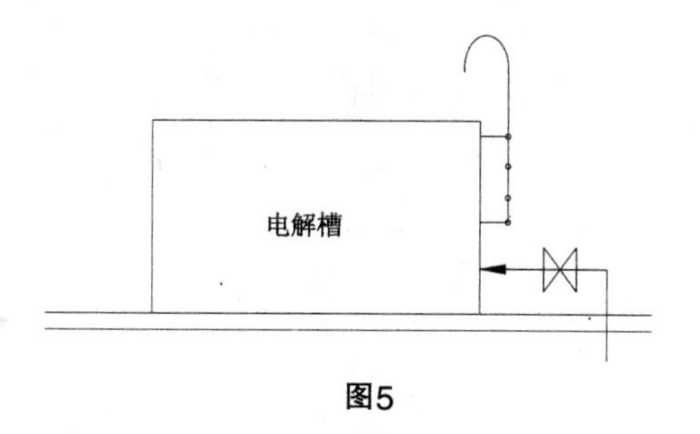

图5

这种梯形比较好，可以采纳。

电解槽头尾液压操作站位置问题。我们的设计中为了躲管道多半放在槽的端部。本厂施工期间改为侧面，固定在管廊立柱侧面引焊出的小悬臂架上，距楼面800~1 000mm高，进、退两阀与压、拉单元槽方向一致，操作直观、方便。

由电解厂房送出的废氯气总管CL-2340-300途经内管廊，在与外管廊相接处又上抬1m多，这样在内管处形成U形低点，为此，在低点段补加一根排液管至D-280排气管上。

由此而想到，为了配管简化，由D-280阳极液排放罐出来的废气管CL-2760-150不必穿墙进室内接总管，可从罐顶直接接到管廊总管底部，既可排气又可倒凝液，可一管两用。应注意的是，当气体管路出现低点时，必须加放净阀。

成品碱冷却(加热)器E-330，冷却水进出口位置流程中上进下出，蒸汽接在上边进水线上，而实际到货设备是冷却水下进上出，这样一来，蒸汽线就应接在回水线上，凝水管接在进水线上。现场已更正。

碱液冷却器E-273，成品碱冷却器E-330到货设备均比原来设计长(达1m多)，原基础不够用，现场只能再接基础。以后设计时，对板式换热器基础说明中要强调，一定要设备到货、经核对安装尺寸后再施工。

3.3 氯气处理530工段

塔基础预埋地脚螺栓与设备到货不符问题。

本工段四台玻璃钢塔只有一台T-520安装没问题，其余三台都是塔螺栓间距大于基础预埋间距，相差60~100mm。水洗、干燥塔差得最多，只好将螺栓割断从侧面再相接。一级氯气吸收塔差得少些，安装时将螺栓向外压斜，偏上螺母。由此而来螺母不能拧到位，勉强使用。

另外，预埋螺栓外露过长，有的螺栓顶碰人孔颈下壁。

出现上述问题原因主要是设备制造加工经验不足，工程观念少，塔制作未遵守设计要求条件。为避免上述问题，从设计角度讲，应在设计图纸中强调安装尺寸不能更改的必要性，严格约束加工尺寸，再有就是尽量留孔，留孔调整余地大，若在楼板上(下面有梁)布塔，一定要有螺栓锚板图，按此施工就不会出现上述错误。

+12.000m楼板穿正负水封管未留足孔。由于管线穿孔集中而不规则，单个留孔结构不好做。因此，此处宜留一个大长方孔，而后三面加护栏最好。

分配台送至V-510、V-520碱液循环罐的四根碱管线布在罐顶上方，欲在罐顶做支架，但是玻璃钢罐无法生根，后来只好从地面补做4个7m高的T形支架，满足了安装需要。

重新设计工厂时，这四根管线应当沿厂房框架柱(做悬臂梁)敷设，4~4.5m高为宜，而后分别扬起拐向贮罐(图6)。

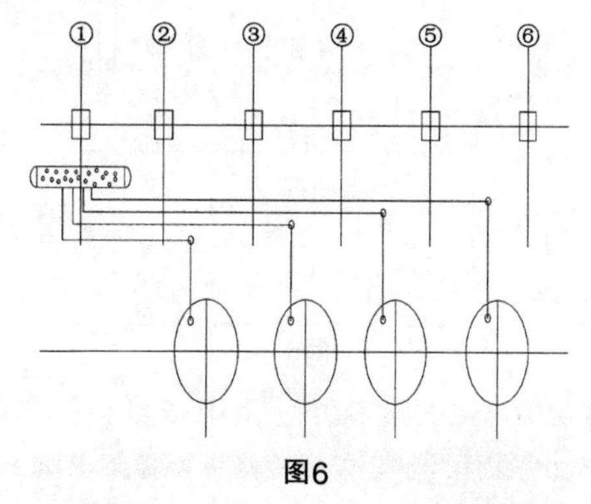

图6

吸收塔出现虹吸现象。T-510、T-520吸收塔塔釜排液线发生虹吸使塔液位下降，打破工艺液封要求。

原设计是塔釜排液管从管口接出后上翻1m高，形成上U形弯，再下来送到框架外贮罐中，恰好下来管线穿过+6.500m楼板，又躲梁，水平送到框架外再上抬进罐。这一上抬又形成一个下U形，由于管路下U形长达14m之多。因而，水柱流动后产生空腔长，形成负压大，导致虹吸发生。为解决这问题，经与工艺结合，决定在出塔上U形顶处开一破虹吸口，而后将管分别引到塔顶排气线上。下次配管时，注意不要出现下U形，以防虹吸(图7)。

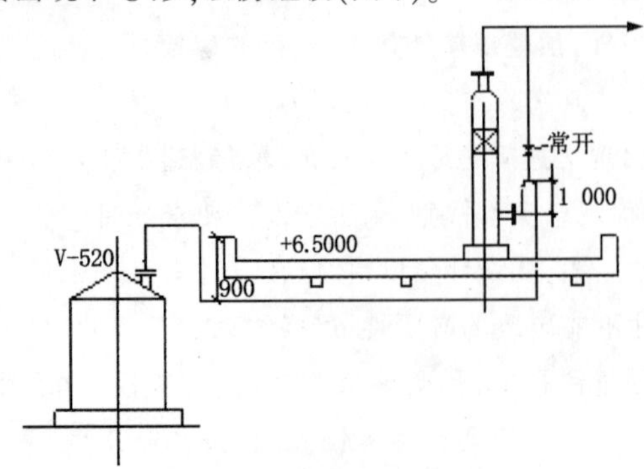

图7

3.4 氯压机单元存在的问题

氯气出管PCD-5002-350-B3MF2 90°拐弯两边直管长约4m，悬于+4.000m空中，悬臂过长，管路不稳，且作用在设备口上重力扭矩过大。因而，在机前冷却器侧面须加一个T形支架，以确保运行安全(图8)。

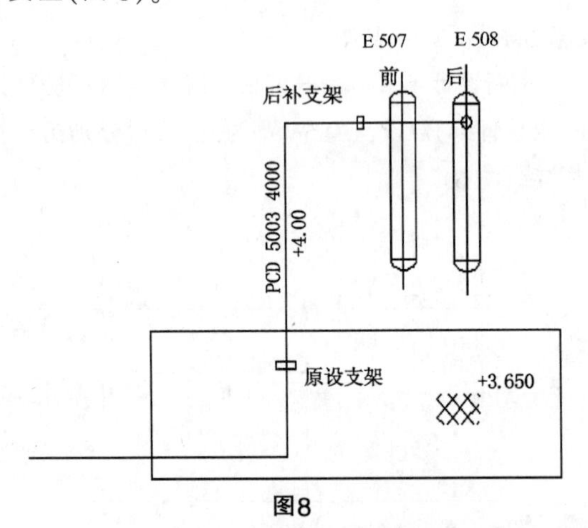

图8

T-501/T-502水洗塔、干燥塔填料托架插口被+6.500平面梁涵挡，以后检修更换托架困难。设备布置时要注意这一点(图9)。

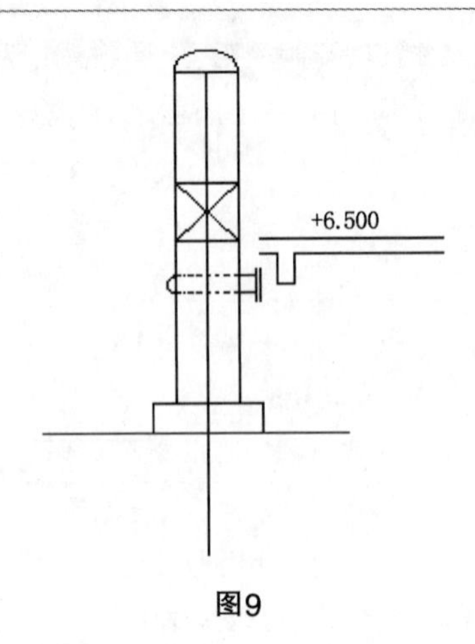

图9

3.5 氢气处理及盐酸合成540工段

一楼框架内操作室净高度确定问题：

现实净高度由梁底至地面2.45m。梁下须吊0.25m厚矩形通风管道，显得太压抑。根据实际要求，18m长、4.5m宽操作室净高3m为宜。

由于净高2.45m太矮，梁下再吊通风管道过人时感到压顶很不舒服。因而将室内风管取消，改为从房的东端墙开两个孔直接送风。由于单端送风，风可以从墙孔、窗缝沿途散失，到了房间的末端可能微风或无风吹过，为保证室内安全，将照明灯具、接线盒开关全换成防爆型，即使有氢气入内也不会引爆，这是补救措施。

出现上述问题的原因有三，一是管道专业设计屋顶高度+3.500m不够，二是结构图屋顶高3.20m与条件不符，三是施工中误差大(图10)。

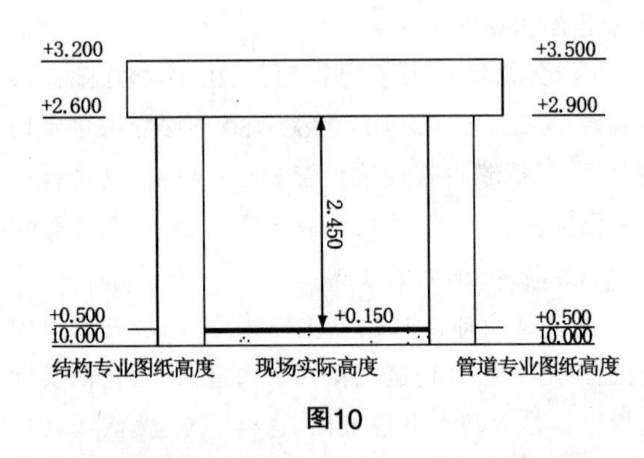

图10

屋顶按结构图施工完成之后发现了高度不够问题，经现场研究决定将地面高度由+0.500m改为+0.100m，空间高度加大0.40m，可施工后地面高不是+0.100m，而是+0.150m，这是施工过程中的误差。

注意，在设计房高时一定要从建筑规模大小综合考虑，从实际使用效果考虑，从容纳其他专业设施考虑。只有全面综合之后才能确定出合理的高度。

操作室屋顶东侧通道太窄，配完管之后(仪表线管外伸)仅剩0.40m宽，作为操作通道起码0.80m宽，因此，屋顶配管应整体向西移0.40m为宜。

由+7.000m楼面下穿的氢气管道H-5003-500

和氯气管道 PCD-7006-200 与+3.500m 管廊上的电气桥架垂直相碰，为此将管道穿孔位置北移重新开孔。提出这一问题的目的是，开 $\phi300$ 以上孔对结构受力有影响，当慎重考虑，力求准确无误。

进合成炉的氢气、氯气管线排布顺序应一致，以免误操作。

在+11.000m 楼面，去水封罐管线上的(H-5509-500)阀组自控阀膜头高于原设计，无法安装，只好将预制完已就位的阀组配管割开，在立管加高 0.3m，解决了问题。

应注意的是大直径(*DN*300 以上)配管尤其阀组要充分考虑高度及空间拆卸余量，否则，返工量太大，影响不好。另外，当平面允许时，大管径阀组旁路最好沿地面水平布置，既不用担心膜头碰旁路管，也不必忧虑旁路阀高、操作不便的问题，又便于安装，设支架。

在化肥行业中，由于管子粗，多用此法配管。好经验，值得学习(图 11)。

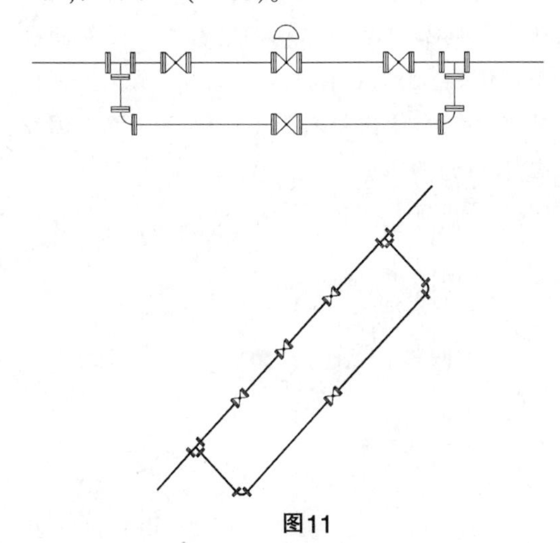

图11

喷射泵 P-701A-E 漏做支架。当设备外形安装尺寸不明时，可画示意图给出型钢规格。具体尺寸现场确定即可。

3.6 液氯包装550工段

由于厂房南侧穿墙入出户的管线混乱，碰窗梁处较多。C 轴未留管束穿墙孔。现场根据实际情况，加弯头改走向，躲开窗梁调整了配管。

P-609AB、V-606、V-607 真空系统配管形成四周封闭，靠近中间阀门困难，操作不便。

P-604B 液氯包装泵出口线并排有 4 个阀门南北排布，中间通路被补偿器(下 U 形弯)隔挡，操作绕行，很不方便，当改之(图 12)。

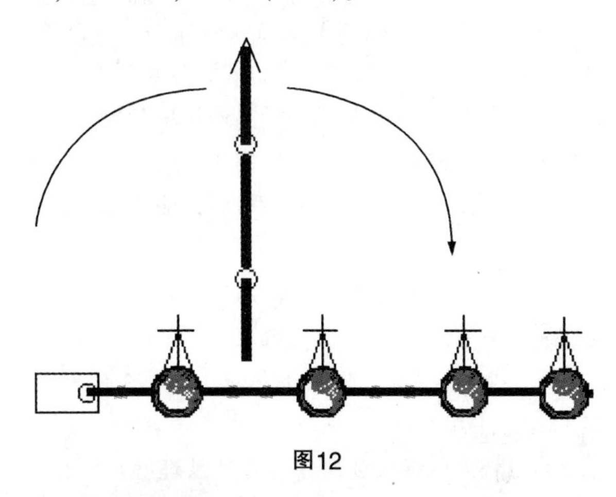

图12

3.7 罐区580工段

废硫酸贮罐 V-907 在装卸硫酸时，排空气体夹带少量氯气，破坏环境，危害人体。为安全起见，业主方提出增加放空正负水封罐。因此，现场已按盐酸系统水封设施复用过来。

高纯盐酸贮罐排空线 GV-9004-100-H2RF2 与负水封罐接口有误，配管时 N1、N2 口接反。对负水封罐而言，吸气口应接在插入管 N2 口，出气管接在罐顶 N1 出口。

按原配管盐酸罐 V-904AB 卸料时不能补充空气，罐内产生负压。为此反查原因，发现负水封接管有误。

问题出在哪？流程图管口命名符号全对，流程图是正确的，设备图颠倒了符号。而颠倒的原因是按正水封罐直接拷贝所致。由于设备图错导致管口方位图错、配管错(图 13)。

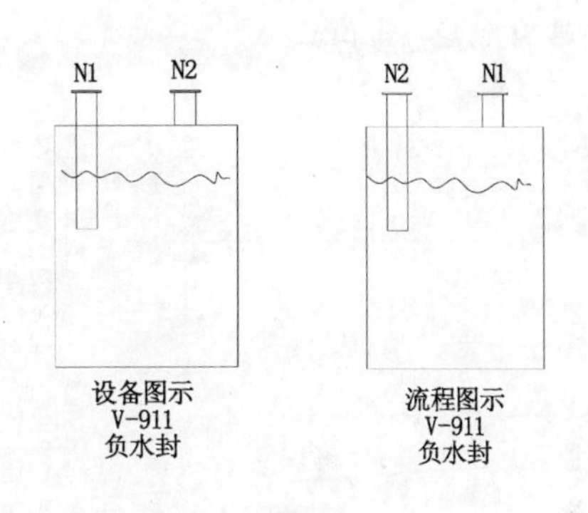

图13

4.PVC装置(包括各工段)

4.1 电石破碎及输送810工段

4.1.1 大破碎机进料溜斗与地坑不符无法安装问题。溜斗按图加工完成之后就位安装时发现溜斗安装部位无梁撑托,下锥体与破碎机两侧皮带轮、惯性轮相碰不能下伸。因此,已做完溜斗作废,根据现场实际情况重做。最终做成三面设挡板,缩小锥体,非常不规矩,使用效果一般。

4.1.2 大破碎机地坑顶部布梁位置考虑不足。一是与溜斗安装部位不匹配,二是梁底与破碎机皮带轮、惯性轮相碰,不得已情况下将梁H300×300改为H200×200,位置重调。

4.1.3 地坑内电机安装尺寸与基础预埋螺栓错位,不能安装,后来只好在原基础上铺一块钢板,在钢板上按设备地脚孔重新栽焊螺栓。

4.1.4 大破碎机预埋螺栓由于施工原因外露长度不够,仅有一组达到外露150mm,要求其余两组外露60~100mm。由于破碎机的振动性较大,解决该问题须谨慎、妥当、可行。因此,出了四个研究方案,一是在原基础上设H型钢,在型钢上开螺栓孔,考虑到破碎机振动,硬对硬连接不合适,被否掉;二是在原基础梁打透孔重穿螺杆,认为此法破坏承重梁结构不妥,被否掉;三是按现状安装,但只能上半螺母,考虑到长期振动必然松动脱扣,不安全,也被否掉;最后是将基础表面水泥保护层全部打掉(约30~50mm厚)整平,螺栓位置加减振胶垫再放设备,设备调正后先放一个开口弹簧垫圈,垫圈上先拧一个20mm厚的薄螺母,上面再拧一个40mm厚标准螺母,就这样解决了棘手问题,使用情况良好,业主非常满意(图14)。

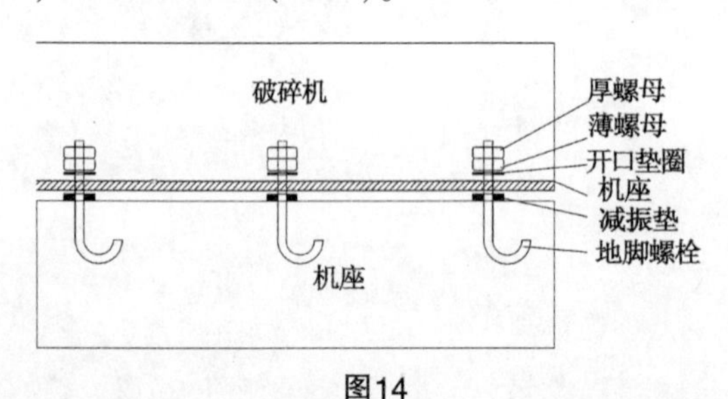

图14

4.1.5 关于乙炔发生厂房楼顶电石布料小车轨道支架设计问题。原设计1.6m高轨道下面间隔0.9m设一个支腿,轨道长约40m,双轨道,分三排支腿,支腿总数达140个之多,施工、用材量都很大,且运行时散落物料由于腿密、空间小,不易清除。因此,现场已更改支架,即每4m设一槽钢对扣支腿,支腿上设纵梁,纵梁上再加横梁,小车轨道布在横梁上,使设计更加合理,使用正常,优化了设计。

4.1.6 1号皮带转运站机尾支架预埋板与设备支腿错位,不能用,只好重新用膨胀螺栓逐个铆板固定支架。

4.1.7 关于大破碎机溜斗的改进意见

常规溜斗为正锥体钢斗。使用中发现铲车向里投料时电石冲砸产生巨大声响,使人惊心动魄,震耳欲聋,同时对斗斜壁严重磨损,降低使用寿命。为此,本人受广西维呢纶厂电石炉进料管改进启发(立式底端封死,由底向0.3m处开口,再斜接溜管进电石炉,也就是说由总管下来的焦炭、石灰先砸在300mm厚的碎料垫层上,而后再滑向斜管,从而解决了局部肘摩问题),将电石溜斗受料面也做成小坡度形,让电石存积形成垫层,既保护钢板少受磨损又能降低投料时产生的噪声,请机运专业考虑(图15)。

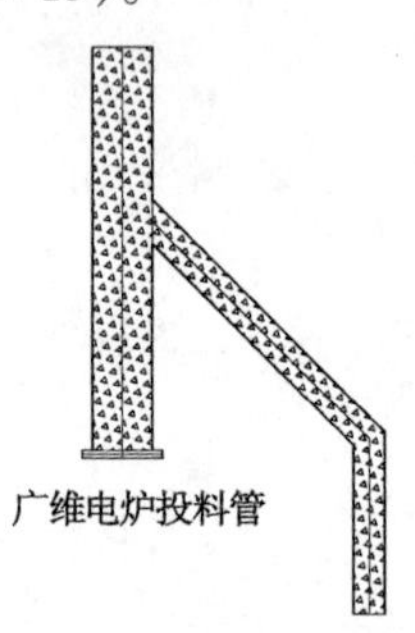

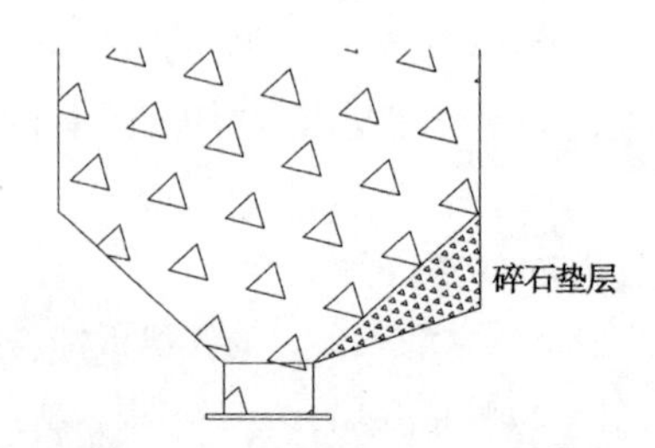

图15 电石溜斗改形图

4.1.8 大破碎机地坑设梯形式问题

大破碎机地坑-2.50m深,设计为直爬梯,上下人检修、清渣都要带工具，很不方便。这里应以设斜梯为宜。现场发现这一问题后已补加了斜梯。

4.2 乙炔发生812工段

4.2.1 乙炔发生器底部减速机拆卸移出问题

常规设计搅拌轴与减速机连接轴为对接，用卡板固定。安装时较顺利，但以后拆减速机挪出时就会遇到问题，机上搅拌轴顶着，机下地脚螺栓卡着，机身抬不起、拉不出。现场发现这一问题后，及时采取了措施，将减速机混凝土基础打掉约 0.1m，整平，而后铺上 H 型钢，型钢底面与原地脚螺栓固定，顶面打孔穿螺栓与减速机固定，当需检修移出时，可将顶上螺栓取下，如此，可将机身平拉出来(图 16)。以后设计中应采取本方法固定减速机。

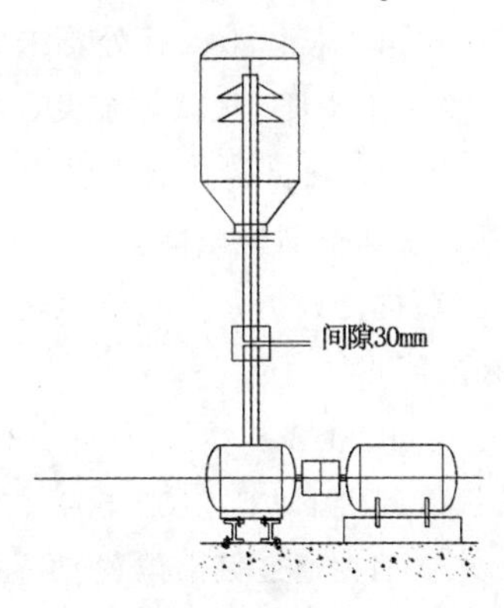

图16

4.2.2 渡槽安装高度问题

乙炔发生厂房北侧有一个+5.000m 渡槽挑台，若按挑台布渡槽，与外管廊渡槽接口处低 0.10m，若按原 1%坡度设置，槽的起端又高出渣水溢流管口高度。根据现场实际情况将槽尾抬高 100mm，与外管廊渡槽吻接，为不碰(少碰)起端溢流管口高度，将坡度改为 0.5%，并每隔 3m 补一托架(在挑台上用钢板做 H 形托架)。

问题在于渡槽没有详细安装图，不知道起止点具体高度。今后凡是自流渡槽及管道必须画剖视图，标明起止点高度，只有这样才能准确，对接无误。其他渡槽与外管廊相接点也出现高度不一问题。因此，应引起注意。

4.3 清净813工段

4.3.1 一楼+3.200m 管廊长达 40m，高度略矮，显得压抑阴暗。从管廊顶到上层楼面梁底还有 1.70m 净空，可将管廊再抬高 0.5m，这样就可使一楼敞亮宽松。

4.3.2 由+5.500m 至+11.000m 第一跑斜梯起点距 B 轴矮墙太近(仅 0.6m)，上、下人员回转空地小，不方便，现梯 30°，可改为 45°，这样起点可缩回 1m，腾出回转余地。

4.3.3 从+5.500m 楼面与塔区第一层平台应做一斜坡通道，以便巡检人员通行。

4.3.4 一楼泵区入口线阀门距东侧矮墙内面太近(净空 0.10m)，安装、操作不便，可再向泵口方向移 0.20m 为好。

4.3.5 穿+5.500m 楼面之后进塔管线阀门太高，距楼面约 3m，无法操作，应有开阀平台(指清净塔)。

4.3.6 水洗塔 T-1301 由上向下数第二个人孔被塔平台一分为二挡住，卡在中间，应调平台高度。

4.3.7 由 1 号清净塔顶出来气相线进 2 号清净塔，又由 2 号清净塔顶出来进中和塔的气相线，由塔顶出来后正直向东拐、弯下去，在水平段用两个不规则弯头改向后进塔，这根线不顺畅，施工也困难。塔顶线应水平斜配，下弯后，能正对第二塔进口角度。只用一个 90°弯头即可，这样配既省工又合理。

另外气相管下来弯进第二塔在弯头处做一弯管高支架，其立柱(钢管)太粗(*DN*450)，不协调，根据承重 *DN*700 气相管，立柱选 *DN*250 钢管即可(立木顶千斤)(图 17)。

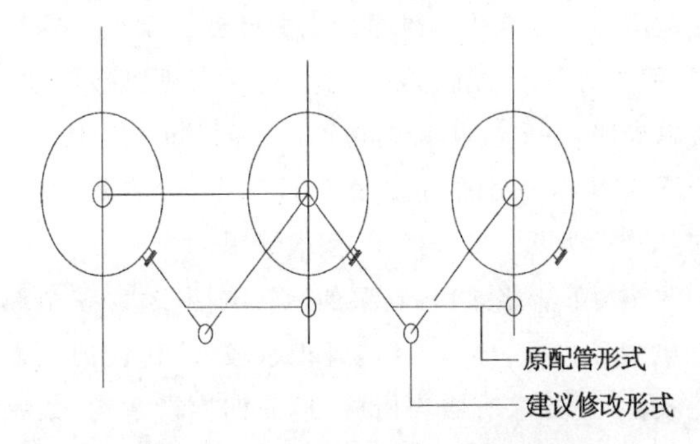

图17

E-1302A、B 乙炔冷却器开口方位问题。

该换热器为立式，设计冷却水管口方向与上封头进出气口相错 90°，这是错误的。设备加工中发现这问题后，已将水口调至与气体进口相同角度。

立式换热器特点是，上封头气体进出口 180°分布,设备图已定死,接下来设备内件,如上封头隔板、器身折流板,均依气体进出口方向决定下来。因此,冷却水口也随上述相对关系确定下来,即:奇数折流板时,进出水口与气体进口方向相同;偶数折流板时,进出水口180°布置。这一点是确定的,不由配管者随意改动。请注意立式换热器这一特点。

注:换热器本体上的放空、放净口方位不受限制(图18)。

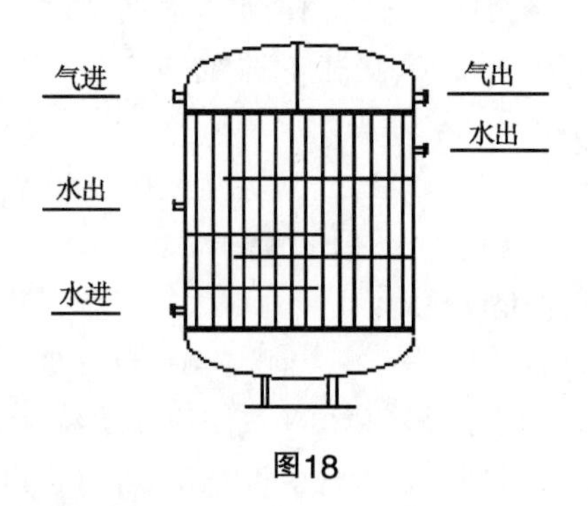

图18

4.4 渣浆处理814工段

4.4.1 渣浆池顶未做渡槽托架。现场已补。

4.4.2 上浓缩池应设斜梯。现场已补。

4.4.3 由管廊到浓缩池顶沿渡槽应设坡道,以便巡检。现场已补。

4.4.4 渡槽分叉处如何设插板问题

渡槽分叉处设插板,从理论上讲很简单,但在实践中却很难保证不漏、好用。笔者曾在齐鲁伊士曼工程地沟污水分流中遇到过用插板问题,设计了钢插板,但周边漏水未能解决。本工程中又遇到该问题,苦思未解。后与工人师傅讨论这一问题时,提出了一个既简单又实用的办法:钢插板照设,为防漏,在板前堆沙袋即可。方法虽土,但很好用。

4.4.5 地下渣浆泵房内,泵的运转噪声很大,整个地下室刺耳共鸣,环境恶劣,且积水较多,建议向土建提条件时,要求有吸声措施;地面四周设水沟,集中一点进地坑,用液下泵打出。

4.4.6 压滤机排出的压滤水汇入总管后送至外管廊渡槽,在接口处送出管比管廊渡槽低约0.35m,无法自流。无奈只能将已安装完的管线割开、抬高(使管顶靠梁底),包括渣浆返回线共同抬高送出,实现了顺利流通。

自流管道一定要注意接口标高与坡度要求,否则达不到输送目的。

4.4.7 运电石渣皮带机终点位置确定问题

皮带机下是车位,送出皮带机终端不应在车位中部,而应在前部,当前部装料满时,车体缓缓向前移动,这样车厢前后均可装满料。若下料点设在车位中部,则车前都装不满。这一点请注意。

4.4.8 凉水池顶应留缺口,满池时,经水沟流进下水系统,以防四处外溢。

4.4.9 凡有渡槽处均应设操作通道。

4.5 转化821工段

4.5.1 触媒抽吸回收系统布置在二楼之上便于人工搬运,该方案是正确合理的,应坚持下去。

4.5.2 水洗塔、碱洗塔二楼以上人孔处均未做平台,给检修、装卸、填料带来不便。虽然传统设计中未做,但如今应优化设计,当需补齐操作必需设施。

4.5.3 由一楼到二楼南侧斜梯较陡,上、下时不自如,改为30°梯为宜,向土建提条件时要明确这一点。

4.5.4 自外管来的回收尾气管

VC-2125-150-B3MF3从框架内+8.500m管廊下来后,穿二楼板接到楼下VC-2102-600-B3FMF总管上,由管廊下来立挡在通道偏南位置,虽通行不受障碍,但总体效果欠佳。应在高处向南拐,再下来让开通道更理想。

4.5.5 两转化框架西部连接通道口附近二楼平面上皆有楼面管、阀组管挡道,若再细化设计,可以将管线另行布置,散开通道。

4.5.6 一楼跨柱布置的转化总管

VC-2102-600-B3MF3高度较低,约1.5m,妨碍通行。管底距地面2.2m为宜。

4.5.7 一楼东部脱酸总管HC-2101-100-H2RF2设在地面上+0.300m处,绊脚,并横过中间通道,不太合适,改在地沟里敷设最好。

4.5.8 由阻火器到混合器乙炔管线上的调节阀组旁路高度不够,执行机构碰上面管线,只好将预制安装完的阀组切开,加长立管长度。因为管线*DN*600较大,返工量大,影响较大,所以今后设计中一是要弄准自控阀外形尺寸,二是要留足上部空间,防止碰撞(最好是水平放倒布置阀组)。

4.6 单体压缩822工段

4.6.1 压缩机进出口总管设在地面，管墩为一般滑动。根据操作经验，五台机全开时振动性较大。因此，总管道上应设3个固定架，即用U形螺栓卡住。现场已改动。

4.6.2 进出压缩机支管在设备顶上，水平长度约4m，质量较大(管口承受质量为50kg)。所以在压缩机两侧补做了一个门形支架撑住管道，解脱管口压力。

4.7 VCM精馏823工段

4.7.1 高、低沸塔平台设置问题

第一，由+2.800m平台到高、低沸塔第一层平台高度均超过6m(低塔8.65m，高塔11.5m)，直上直下，不安全。中间应设一层缓节平台，同一层平台上、下爬梯口应错开布置。

第二，高沸塔+32.100m高，三层平台从上到下直爬梯都在同一角度(东侧)，太危险。

根据蔡尔辅《石油化工管道设计》一书讲述，塔的人孔应布在同一条垂线上，每层人孔平台上下梯口应错开布置。当两层平台超过6m时，中间应设缓节平台。这种规定完全是从安全出发所定的。因此，今后设计中应靠近这种做法。

4.7.2 塔体配管布置问题

仍然是根据蔡尔辅《石油化工管道设计》一书讲述和《管道设计手册》所规定的，全塔分为两个区，一是塔的操作区即人孔区，二是配管区，管线相对集中布于塔的一侧。现场实际配管较散乱，且气相管为躲平台拐出平台之外下行，悬臂太长无法从塔体上做支架；进出料管直接与管口连接，没有拐弯变向，管系柔性差，对管口有损坏。

规范的做法是，先布置塔顶气相线，使其最简捷、最顺畅地进冷凝器，随后将进出料管布于气相管附近。气相管与塔体(壁)净距300mm为宜，由塔封头焊缝线下50~100mm焊出一承重架，之后每约9m做一框形限位架，最后一个限位架距管线拐弯(去冷凝器)处垂直长度不小于6m。

进出塔物料线的配置，塔管口直接装阀门、阀后接管，水平管长200mm左右，加弯头水平90°转向，水平段长300mm左右弯下去，这就充分保证了管系的柔性，以便保护管口。示意图见图19。

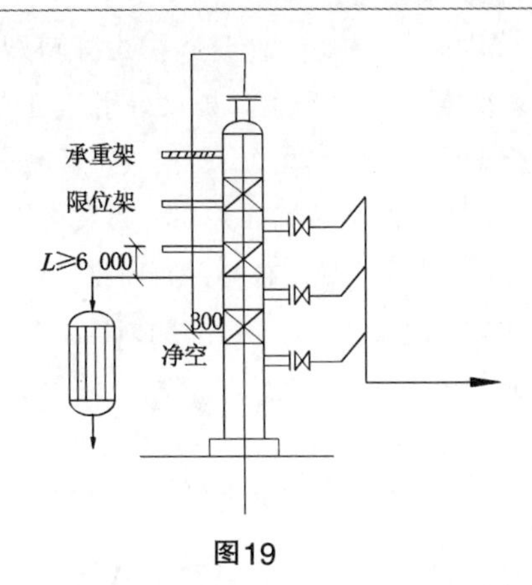

图19

4.7.3 塔平台是为操作而设的辅助设施，先将管道、人孔安排好之后，再考虑设平台，平台可留孔穿管，当穿孔多且集中时，可将平台做成扇形或半圆形。主次分开，不要本末倒置。就现场而言，管道已按图安装好不便改动，但从框架梁、柱等处补做了承重架和限位架，即修改了原设计。

4.7.4 一楼卧式高沸物贮罐、二氯乙烷贮罐并列布置，顶平台+3.700m高，设为直爬梯，上下不方便，因为地面有空地，还是沿罐体设斜梯为好。我们的设计要多从使用角度考虑，尽量人性化，能设斜梯时尽量不设直爬梯。

4.8 单体贮存825工段

本工段的主要问题是各自独立平台独立直爬梯，不便一次上去串检问题。现场操作人员提出，6个罐集中布置应做联合通道，上去一次可同时检查6个罐，否则分6次上下太不方便。我们听取了这一合理化建议，将罐与罐之间设了通道，只中间两罐设爬梯，其余两边4个罐还可省去梯子。改后形式见图20。

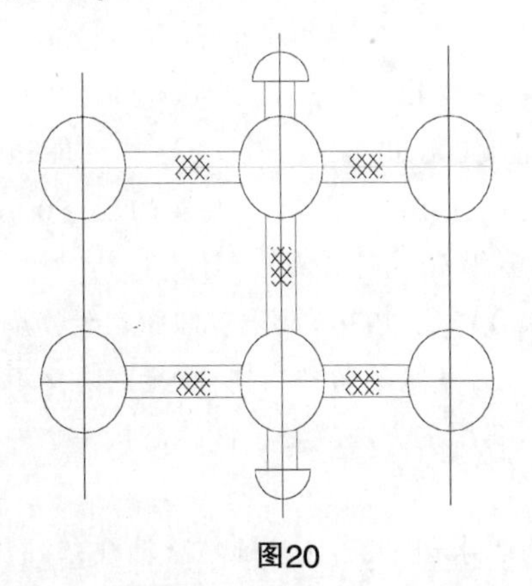

图20

当我们作设备布置时，不能孤立地去考虑问题，当多个罐拼布在一起时要综合考虑，巧妙灵活地设计巡检设施，力求达到既简捷又好用的目的。

4.9 聚合851工段(含852供料回收工段)

4.9.1 主要讲两个装置合并在一起发生人身事故的问题。传统的设计是聚合与供料回收分两地布置，各有护栏安全设施，从未发生过事故。而本工程中考虑到用地合理性、总图整齐性，将两个装置合并成一个总体，边柱相距1m，虽说仍然是两个装置，可事实上宏观视为一个整体。相拼之后问题出现了，即供料回收平台+5.700m，聚合框架紧挨端部，二楼+3.800m，三楼+8.200m。站在供料回收+5.700m平台上很容易跨越到聚合+3.800m楼面，由于距离近(1m)、高差小(1.9m)，尽管各自有栏杆挡护，但人们还是经常翻越而行。于2007年6月和9月先后有两人从此跨跃，不甚掉下身亡(图21)。

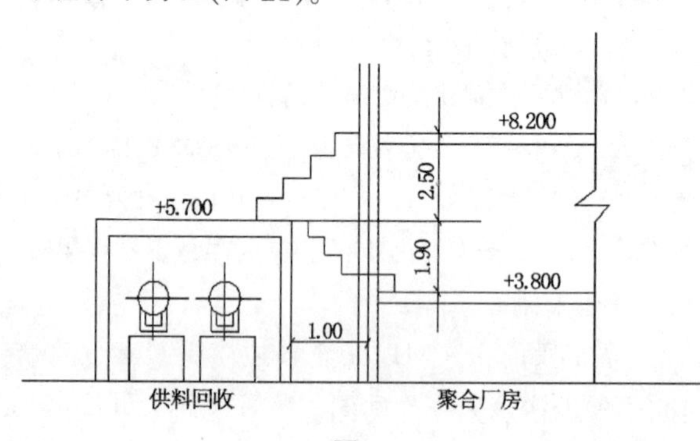

图21

从设计角度讲，各自已设安全护栏，发生事故与设计没有关系。但从另一方面看，两装置拼在一起，提供了诱人近道跨越环境，应根据实际情况统一考虑互通的设施。堵不是上策，疏导才是良方。因此，应从+5.700m到+3.800m和+8.200m楼面各设一个斜梯通道。尤其是到+3.800m通道非常必要。情况变，思想就要随着变，这样才能适应新形势要求。设计中会遇到各种各样的新情况，我们要树立、培养纵观全局的观念。

4.9.2 聚合房顶*DN*300放空口仰面朝天，应有防雨、防雪、防风沙落入的防护措施，既能三防又不阻碍泄压放空。实用的方法就是在管口上扎一个剪去底的编织袋。

4.9.3 回收水罐TK-7H基础与7轴柱基础相碰，故将设备向东移0.5m，同时将泵移到界区内TK-7H的东面(图22)。

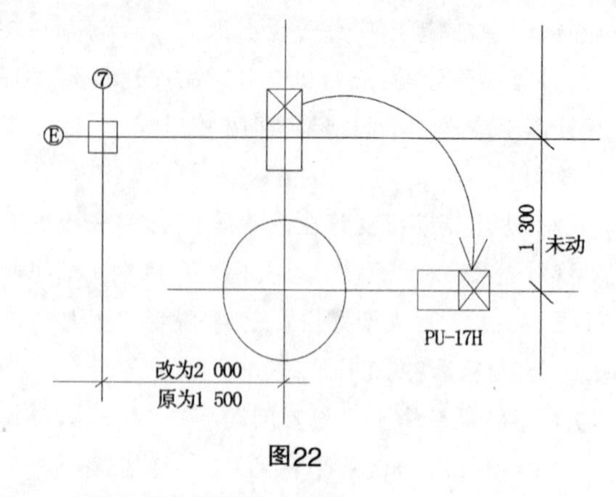

图22

4.9.4 聚合釜顶配管改动问题

聚合釜顶北侧原配管较松散，占地多，通道小，施工过程中业主方现场临时指导修改，管线集中加密，腾出操作通道，单个釜四周行人通畅，非常舒适，尤其釜后至框架护栏之间腾出一条近1m宽的通道，非常漂亮。无论检修还是操作都有足够的空地，下次设计中应采取这一做法。

4.9.5 供料回收工段中高压水泵房+2.800m平台设直爬梯，上面管线阀门多，巡检频繁，上下不便，建议其中一端设斜梯为好。

4.9.6 聚合保温一览表中，管线号规格与保温规格不一致问题。

在聚合保温一览表中，管线号明确标注管线规格为*DN*25，而后跟的保温管壳规格为*DN*50，前后不一致造成订货、施工时茫然不解。无论程序如何，不管怎样筛选，最终应统一，让看者易懂。

一个管号下可能有管子变径、规格不同，那是正常的。可将主管号打上后，下边跟缀几个不同规格的管线，这样做就清楚了，即：

保温	规格	数量
40-B2RF1-LWS-2501-C1	*DN*40	5m
32-B2RF1-LWS-2501-C1	*DN*32	6m
25-B2RF1-LWS-2501-C1	*DN*25	4m

再出资料时应按此形式修改。

4.10 干燥包装852工段

干燥+7.000m楼面上，靠北侧设一振动筛X-03，钢平台，高出楼面1.5m，下面还有溜管需要检修，从实际操作要求看，平台高度小了些，进人不便。净高

保持在1.9m更为合适。

+7.000m楼面上两台离心机间距略小些，除基础、电气线管占位外，净空走道仅剩0.6m，显得窄些。因为楼面有余地，两机之间距离再加宽0.8m为好。

露天旋风分离器顶部加肋角钢，未留排水孔，造成器顶积水。

5.外管083系统

热管补偿器预拉伸问题

本工程对补偿器安装时未作预拉伸要求。经落实设计中已考虑过，在不进行预拉伸情况下，补偿器能吸收总膨胀量，使用没问题。

从补偿器实际工作状态考察：管道受热后向中间伸胀，压迫补偿器。如果不做预拉伸，此时补偿器要受较高的挤压力，处于紧张状态，如果做预拉伸，则先拉后压处于稳定自然状态。所以设计中最好提出预拉伸要求。

为了简明，设计时可将预拉伸量直接标在补偿器上方，如图23所示。

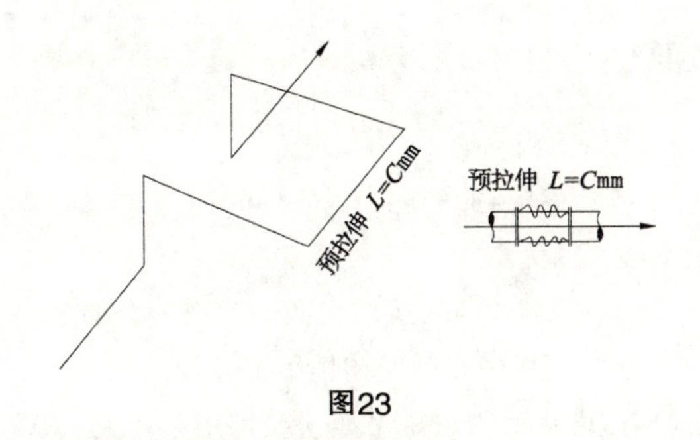

图23

热管上安装阀门位置确定问题

所谓位置确定，就是装在立管上还是装在水平管上哪一种更合理的问题。

本工程中，蒸汽总管由相距1km外电厂送来，走地下，外单位负责设计。总阀应设在界区外埋地管线上。由于需做阀井，操作不便，经协商，总阀改装在界区围墙内。而进界区后管线走地上管廊，是将阀门装在出地面之后立管上还是从管廊上引至地面装在水平管上。讨论认为，装在立管上时，阀门法兰受径向推力容易掰坏漏气，应将阀装在水平管上。采纳了这一意见。管道下弯在距地面0.6m高的水平段上装

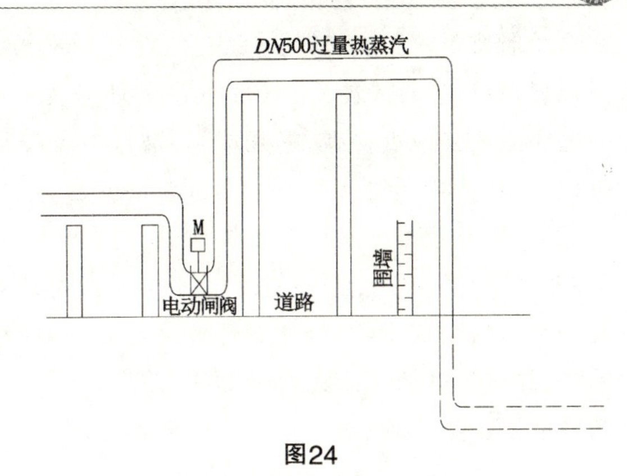

图24

阀。如图24所示。

南北向东管廊上蒸汽管道，在氯气处理厂房西端设了一个兀形补偿器，补偿器外伸水平段恰好插在厂房外楼梯上方，虽不碰人（距行人头顶还有0.50m空距），但感到烘热，头顶上有蒸汽热管是一种威胁，存在不安全因素。希望今后设计时要多关注其他设施状况。

外管管架表中应标注管段号问题

现行的管架表中只标管架号，下缀不同规格的管卡、管托等。由于外管上同一管架中管子有十几根，同规格的管线多，到头来托卡与管道对号时安装人员搞不清，很费解。因而建议在每一个管卡、管托后面备注栏内标上管段号(前三个单元即可)。

从乙炔发生、压滤厂房经外管送至浓缩池渣浆渡槽旁未做巡检通道。根据实际操作需要，凡有渡槽的地方均应设通道。现场已补做。

渡槽分支处未做插板，现场已补，板面堆沙袋防漏，简易可行。

由于聚合釜工作中需要升压，因而应向A、B两个装置各送一根*DN*50工厂空气线，作升压之用。

外管上热水线HWS-8016-100、HWR-8016-100未做补偿器。下次再做时应补充。

由540送到转化工段的*DN*600氯化氢管线跨路上抬后形成U形低点。现场已加放净线。应注意的是，凡有低点的气体管道必须加放净口。

由管廊上下翻入地的管线要伸出足够长，躲开管廊柱地下基础。本工程中遇到两处，已处理。因为入地的循环水线直径较大、修改困难，所以要特别注意这一点。

外管廊上的湿氯气管线、氯化氢管线为玻璃钢复合管,线膨胀系数较大。本工程中8月份白天安装完之后夜晚温度降低,管线收缩,波纹补偿器被拉坏。当然拉坏有施工不当、供货质量的问题。但从设计上讲,对这类管道应有足够认识,运行中不能出现漏气问题。为此,应注意两点,一是波纹补偿器要有足够的伸缩量;二是注意环境最低温度,取温差时要按环境最低温度和工作最高温度确定,以防冬季最低温度下事故停车时管子被拉坏。

6.公用工程站方面的问题

冷冻水站-35°水贮罐底部保冷问题

一般无特殊要求的贮罐可直接放在水泥基础上,而有底部加热或保冷的贮罐则要特殊处理。如氯气处理工段的浓硫酸贮罐,环境温度低时需加热,则在基础顶面留槽沟布置蒸汽盘管。而V-504的-35°冷冻水罐则是另一种情形,一是要保持冷量少流失,二是要保护基础。因此,现场提出罐底加垫木措施,这一建议很有价值,应该采纳。遗憾的是,设备、配管都已安装完毕,介于工期紧,返工量大,未能补上这一缺陷。

具体做法如图25所示。

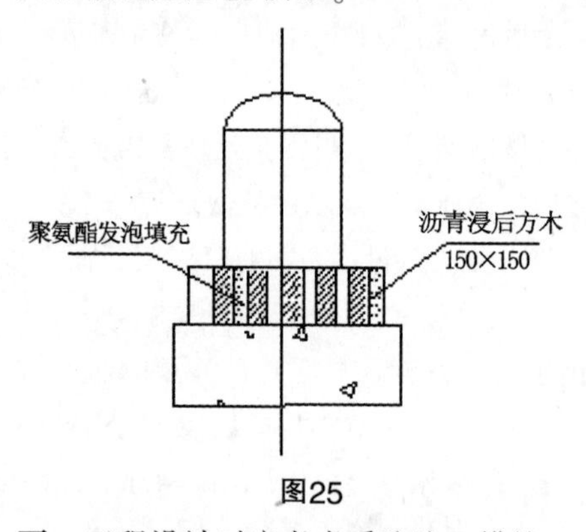

图25

下一工程设计时应考虑采取这一措施。

站内地下循环水管与地梁相碰。再设计时应弄清梁底高度,合理确定管道埋深。

循环水站的问题

循环水站只有一个问题,即返回入池水管喷水时的摆动问题。该管*DN*700,由地下回水管接出,出地面后设蝶阀,而后水平跨池顶将水送出。由于地下总管距池壁较远,约3.5m。所以支管水平段较长,悬空进池,当喷水时由于反作用力使管端部摆动。业主方曾几次建议在池顶上做一支架,未采纳。因为地管不断下沉,如果池顶做支架托住,势必拉坏蝶阀,所以不能采取支托方法解决。笔者曾经在新疆中泰现场亲眼目睹这根管施工时卡在池顶上,由于地下总管下沉将阀门拉裂这一事实。经综合分析工况后决定在池外壁(不是池顶)做一门形架,套住管道,使其左、右、上限位,控制摆动。为了效果更好,管顶上焊一块钢板与门梁靠紧,防止向后仰动。运行效果很好(图26)。

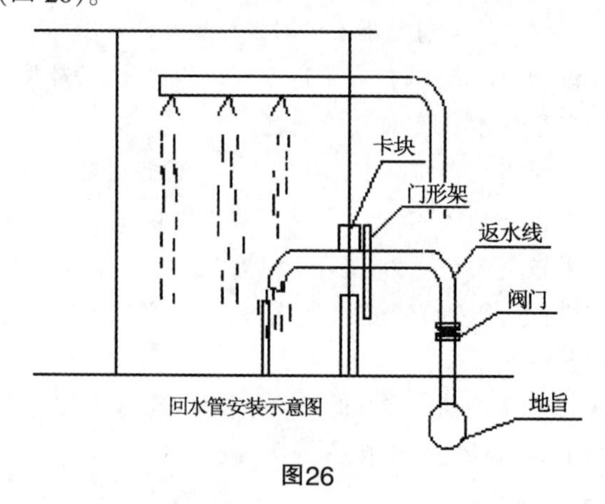

图26

7.其他专业的问题

电气专业

整流室内+3.000m平台每间只设一个斜梯,数量不够,因为本工程是一托二方案,有两组铜排送出,巡检时不能跨越,所以应两侧各设一个梯子。

电解二楼底面漏埋铜排吊架埋板。现场补设整条型钢,再从型钢引焊吊架。型钢用量较大,型钢与梁侧壁固定也很难做。

由于各方面原因,电气原理图、端子图、接线图不齐,现场业主方补设近80余张。

仪表专业

氯压机冷却器冷却水主支管线压力表量程选小,0~0.16MPa。厂方、供货方人员要求0~1.0MPa。采用牵出和更换方法得以解决(图27)。

中控室二楼面临爆炸,威力较强,聚合厂房一面应做成实体墙,以便保护控制设备。

结构专业

电解厂房+3.000m做一道圈梁,该梁挡住铜

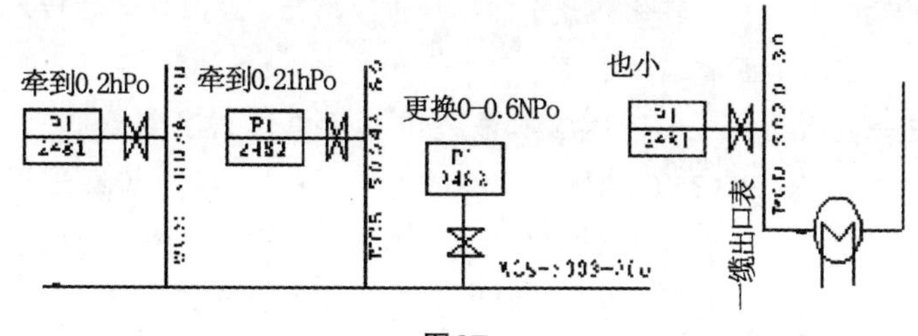

图27

排穿孔，只能将梁打缺口。上层+4.500m楼层已有圈梁。因此，+3.000m设梁意义不大，或不应设（其他工程无此梁）。

转化南北两侧斜梯较陡，不便行走，改为30°为宜。

电解厂房内北端去二楼主通行梯较陡，由45°改为30°为宜。

由浓缩池到清液池渡槽支架立柱太粗，缩减1/3~1/2为宜。原设H250×125可改为H150×150。

一次盐水室内北端去上一层楼的楼梯太窄，公称1m，实际行走宽仅0.7m，再加大0.3~0.5m为宜。

建筑专业

电石库房门口未做雨篷，向里飘雨。

液氯包装厂房地面未设钢筋网。

办公楼顶层会议室层高4m，减去1.5m梁高还剩2.5m，再吊顶，高度太小。

设备专业

主要是梯子、平台漏得较多。

8.全厂性问题

8.1 不锈钢管道安装时未提与管架、管卡防渗碳腐蚀要求及做法，现场已补。

8.2 楼板穿孔、墙体穿孔、屋顶穿孔、电气桥架入室穿孔未作防水及管道保护措施，根据实际要求现场已补设计资料。

8.3 静电接地问题

静电接地问题是既不受重视又不可缺少的问题，往往在施工阶段才暴露出无这方面详细设计资料问题。只好在现场临时根据相关规范和实际经验编写静电接地施工说明，来满足工程需要。

《石油化工设计防火规范》中第58页讲，对爆炸火灾危险场所可能产生静电的设备和管道做静电接地；输送可燃气、液、固体管道要做静电接地。至于多远距离、怎样接地没有明确；《电力设计手册》中讲到爆炸火灾区域内能产生静电的设备和管道要做静电接地，并提出法兰跨接要求做法；石化行规《石化静电接地设计规范》(SH-3097—2000)中讲得比较详细。具有较强的可操作性，对法兰之间跨接问题明确指出：当金属法兰采用金属螺栓连接时，至少两个螺栓接触良好（接触面无锈、无油、无毛刺），此时可不做跨接线。

根据不同规范要求进行梳理后，得出下列结论：一、爆炸、火灾区域内要做静电接地。二、输送易燃易爆介质的管道要做静电接地。三、金属法兰、有4个螺栓连接时不再做跨接。

综上所述，具体做法如下：

装置内管道不再另做接地和跨接。因为设备已接地，管线与其相连且不少于4个金属螺栓。一次盐水工段为非防爆区，可不做静电接地。

与外管廊接口处做一次接地。

外管廊上每60~80m接地一次。

接地电阻值不大于100Ω。

管廊上多根管道需要接地时，可在管顶上焊接线鼻逐个串联，统一接地。

非金属管道（为PVC管，FRP/PVC复合管）接地时，按规定距离做金属网箍，由箍上引线接地。

管廊上管道接地，在规范中未明确管廊为何种材料，笔者认为是基于非金属管廊而言，当为金属材料管廊时，管道与管廊接触，管廊已有接地（防雷），实际上全部管道已经接地。规范中未指明什么材料管廊、管道都要接地，这是含糊的讲法。

根据规范所讲，个人认为，非易燃易爆管线在非防爆区可不做静电接地。

9.试车、投料开车中出现的问题

粗盐水池V-404搅拌轴运行时晃动问题。

试车时搅拌轴晃动，原因是业主为了参混均匀、反应充分，加大了搅拌功率和转速，原设计转速10r/min，后改为24r/min，运转快、扭矩大，所以发生晃动。

解决方法:原设计两条梁,后改为"#"字形加固。

树脂塔试车时,树脂上浮高度不够问题。

根据北化机提供数据,反洗树脂冲洗水进塔量是4倍树脂堆体积。按此操作树脂不浮起,后加大水量达8倍,树脂又冲出。经摸索,操作水量以树脂量的4~6倍为宜。主要是操作经验问题。

钛管冷却器开车运行不到3h发现下封头法兰口及封头下300mm处有一宽约300mm长范围被腐蚀,坑坑点点,斑痕累累,靠法兰口处竟然腐蚀成透孔,翻边变薄。只能重新做。

原因是钛材质量问题。

烧碱开车过程中的故障

烧碱先后六次开车才成功。问题出现在氯压机系统中PCD-5016-10-B3MF2管线上的水分析仪测量不准确而停车。

由电解送出的氯气、氢气至压缩机压差过大,压缩机入口压力接近于负压,很不正常,为此停车。

问题在于氯气总管CL-2140-600-T1RF1、氢气总管H-2170-550-E2RF3上的压力调节阀PCV-216、PCV-226开度不够。操作人员仍按老厂经验开20%,是不行的。后按现工艺要求加大开度,从而使系统正常。

电气低压配电出现问题,停车。

氯化氢合成炉操作不当,冷却水击坏塔顶石墨冷却器而停车。后来厂房在上水总管上加一个"减压阀"使供水压力降低,方可平稳操作。

钛管第一冷却器下封头法兰口下300m、长400m范围内腐蚀坑巴、麻点、穿孔而停车。

第六次重开车平稳成功。

PVC装置开、试车中出现的问题。

聚合釜顶部高压冲洗水管线上的三通、弯头在试车时有几处出现裂纹向外喷水,当时更换;开车前模拟试运行时1号釜上又出现三通漏水。再次裂纹。不仅高压水管,还有釜顶放空管法兰与管线相焊处也出现裂纹。

其原因是这批管件材料质量不合格。为此,釜顶上高压水线上的三通、弯头、法兰全部重新采购更换。为安全起见,由管廊进界区的单体管线约70m同时更换。

转化初开车时出现过氯情况,及时处理后转入正常。

单体压缩机液体出口(单体)温度较低,为34~35℃,未达到40℃要求。为此,后冷却器进循环水阀关小,仅为0.5~1.0。压缩机厂家讲,将来进料量增大时,温度会升上来。目前仍在34~35℃下工作。温度低时油、单体分离不净,这是带来的后果。

由于压缩送出的单体含油,精馏产品不合格(少量的),将这部分料打入废料罐。

经调整之后,压缩、精馏正常。

于2007年10月19正式向聚合釜送料,晚9时许,第一釜聚合浆料出釜,经汽提、离心、干燥后送至包装。第二釜、第三釜相继投料,截至2007年10月20日晨已包装产品3t,质量合格。整个PVC装置一次开车成功。

冷冻站室内西侧地坑中-5℃水总管上的*DN*700蝶阀被拉裂。原因是地管下沉不均。为了开车生产需要,临时换上一短节代替阀位。

结束语

本工程两大生产装置一次开车成功,说明我们的设计是合格的、成功的、优秀的。我们自己设计的"双二十"工程在河南率先竖起一块成功样板,也是我们设计史上的一座光辉丰碑。它将鼓舞并推动我们的工作迅速发展前进。

由于本人水平有限,总结不一定全面,提法不一定准确,错误难免,欢迎同仁、读者多提出批评意见,在此深表感谢。

参考文献

[1]蔡尔辅编著.石油化工管道设计.北京:化学工业出版社.

[2]化工管路手册.北京:化学工业出版社.

[3]中国氯碱,2007(7).

[4]河南昊华宇航双二十工程简介.

[5]电力设计手册.

[6]石油化工静电接地规范(SH-3097—2000).

[7]石油化工设计防火规范(GB 50160—92).

不停航条件下 机场道面沥青加铺层质量的控制与管理

马　超，高金华

(中国民航大学 交通工程学院，天津 300300)

摘　要：本文将以实际工程为例，通过对实地数据和实验室数据的动态分析，从中归纳出影响沥青加铺层质量的因素，并结合相关的施工、管理技术标准，在跑道加铺过程中沥青的拌合、摊铺、碾压、管理等方面提出了具体有效的措施，从而使机场和施工单位双方能更好地控制与管理好沥青加铺层的质量、更好地保障不停航工程的顺利竣工。

关键词：机场，道面加铺，沥青混合料，质量控制与管理

1　概述

十一五期间，全国机场建设的总投资规模将达3 000多亿元，同时目前国内大部分的民用机场飞行区跑道、滑行道、机坪都存在着不同程度的破损，在这种背景下，各机场的道面维修工程纷纷上马。而伴随着新技术、新材料、新工艺的出现，针对道面维修的施工工艺和施工技术也在发生着变化。道面加铺作为道面维修的重要方式之一，可以有效地使旧道面重新具有足够的承载力、耐久力、摩擦力等指标，从而再次为飞行器和车辆提供高质量的行驶条件和服务水平。

由于国内机场多为单条跑道，为了不影响机场的运行和航班的正常起降，所以国内大多的铺筑任务都是在不停航的条件下完成的。不停航施工是指在机场不关闭或者部分时段关闭并按照航班计划接收和放行航空器的情况下，在飞行区内实施工程施工。机场不停航施工工程主要包括：

(一)飞行区土质地带大面积沉陷的处理工程，围界、飞行区排水设施的改造工程等；

(二)跑道、滑行道、机坪的改扩建工程；

(三)扩建或更新改造助航灯光及电缆的工程；

(四)影响民用航空器活动的其他工程。

这种不停航条件下的道面加铺工程具有安全要求高、施工时间短、工序安排紧、施工任务重、涉及部门多等特点。尤其是要在保证安全的前提下，如何确保施工质量的达标、如何提高对不停航施工下道面加铺工程的管理水平，这对机场和施工单位而言都是不容忽视的重要问题。

本文所用原始数据均为东北某机场跑道加铺工程中所采集的实际数据，该机场跑道长 3 200m，宽45m，两侧各 7.5m 宽道肩。上面层采用 SMA-13 型改性沥青玛瑞脂碎石混合料，中、下面层采用 AC-20型改性沥青混合料，道肩和防吹坪采用 AC-10 型沥青

混合料。其中,跑道中心线两侧 9m 横坡为 12%;跑道中心线两侧 9m 至道肩边缘的横坡为 1.5%; 道肩横坡为 2.5%。根据飞机在跑道上的行驶特性,跑道两端 600m 在飞机起降时受力状况较为复杂,采取沥青混凝土加盖厚度为 17cm, 跑道中部 2 000m 及快速出口滑行道和平行滑行道加盖厚度为 12cm。

2 数据计算及动态管理图

油石比是指沥青混凝土中沥青与矿料质量比的百分数,它是沥青用量的指标之一。它的用量高低直接影响路面质量, 所以实验室人员要对每天生产的沥青混合料质量作跟踪调查, 将抽提的沥青混合料用燃烧法测定它的油石比并筛分出它的矿料级配组成,通过马歇尔实验测定它的孔隙率、稳定度、流值等一系列指标。把每天记录的这些数据汇总分析,运用动态管理图的方式把它们表现出来, 这样能直观地表现出近期沥青混合料的质量情况, 从而能帮助机场管理部门、施工单位以及监理单位更好地根据需要来调整沥青用量和矿料级配, 以保证整个工程中沥青混合料的质量(表 1)。

以下是此次跑道加铺工程中下面层 AC-20 改性沥青混合料的抽提数据分析图(图 1、图 2):(其中质控上限、质控中心线、质控下限均根据《公路沥青路面施工技术规范》计算所得)

其中,$CL=\overline{\overline{X}}$,$UCL=\overline{\overline{X}}+A_2\overline{R}$,$LCL=\overline{\overline{X}}-A_2\overline{R}$,由于一组数据的实验次数为 5,故查《公路沥青路面施工技术规范》表 F.0.4 可知 A_2 取 0.577。质控上限 UCL 和质控下限 LCL 表示允许的施工正常波动范围。当有超出质控上、下限范围时,应视为施工异常或试验数据异常。这里之所以拿油石比的数据作分析,是因为每天的油石比直接影响着决定沥青混合料质量的空隙率、稳定度、流值等因素。油石比过大,不仅不经济,而且容易造成路面高温泛油影响路面质量;油石比过小,容易产生水损害、耐久性等问题。过高和过低的油石比都会造成工程质量的下降, 所以保持最佳油石比的稳定性, 可以有效地保证沥青混合料的

抽提数据计算结果 表1

日期	当日取样的平均值	前3天的平均值	前3d平均值的极差	5d内的平均值	5d内平均值的极差R	UCL	LCL	CL
6-25	4.53							
6-26	4.58							
6-27	4.46	4.52	0.12	4.52	0.047	4.542	4.488	4.515
6-28	4.51	4.52	0.12	4.52	0.047	4.542	4.488	4.515
6-29	4.49	4.49	0.05	4.52	0.047	4.542	4.488	4.515
7-1	4.55	4.52	0.06	4.52	0.047	4.542	4.488	4.515
7-2	4.56	4.53	0.07	4.52	0.047	4.542	4.488	4.515
7-3	4.6	4.57	0.05	4.58	0.080	4.624	4.532	4.578
7-4	4.47	4.54	0.13	4.58	0.080	4.624	4.532	4.578
7-5	4.62	4.56	0.15	4.58	0.080	4.624	4.532	4.578
7-7	4.68	4.59	0.21	4.58	0.080	4.624	4.532	4.578
7-9	4.57	4.62	0.11	4.58	0.080	4.624	4.532	4.578
7-10	4.45	4.57	0.23	4.55	0.090	4.607	4.503	4.555
7-11	4.52	4.51	0.12	4.55	0.090	4.607	4.503	4.555
7-13	4.61	4.53	0.16	4.55	0.090	4.607	4.503	4.555
7-14	4.56	4.56	0.09	4.55	0.090	4.607	4.503	4.555
7-15	4.64	4.60	0.08	4.55	0.090	4.607	4.503	4.555
7-17	4.5	4.57	0.14	4.57	0.010	4.577	4.566	4.572
7-19	4.59	4.58	0.14	4.57	0.010	4.577	4.566	4.572

质量。

从图1中可以看出，每天的油石比大多数在目标值以上，落在目标值下方的点很少，这表明该工程沥青混合料的生产质量较高。图中曲线波动范围较小且都在允许范围之内，表明该工程沥青混合料的级配和沥青用量较稳定。结合图2中的极差曲线可以进一步证明该工程中沥青混合料油石比的稳定程度。如果发现有个别点落在了允许范围以外或者曲线变化过大，并不意味着那天生产的沥青混合料一定有问题，但要立即查阅生产记录数据，找出引起抽提数据异常的原因并及时纠正。

判断每天的油石比变异水平是否在合理范围还可以从图3中看出，假如某天的油石比超出了控制范围的上下限，但从3d内的平均油石比管理图上看出，曲线上各点均落在质控上、下限以内，这说明该天的油石比变异水平在可接受范围内。此外，从图3的油石比均值、质控上、下限曲线的变化中，我们还可以看出油石比在这段时间里的趋势，以便我们在实际工作中配合工程的需要，对沥青混合料的生产作相应的调整。

3 质量控制与管理措施的经验总结

3.1 原材料的管理以及拌合前的准备

对原材料进行严格质量控制，施工所需集料进场后，须放置于已经硬化的场地上，场地若不满足要求必须进行整平和碾压。各种原材料应分类、单独堆放，相互之间不得产生混仓，且设有明显的规格标记。要控制堆料方法，避免材料粉碎和棱角剥落及离析。

根据试验段数据确定的沥青混合料拌合与压实、施工工艺、沥青混凝土施工温度；并据此局部调整施工工艺，以确保良好的施工质量和道面加盖工程施工的顺利进行。具体措施：沥青混合料的配合比

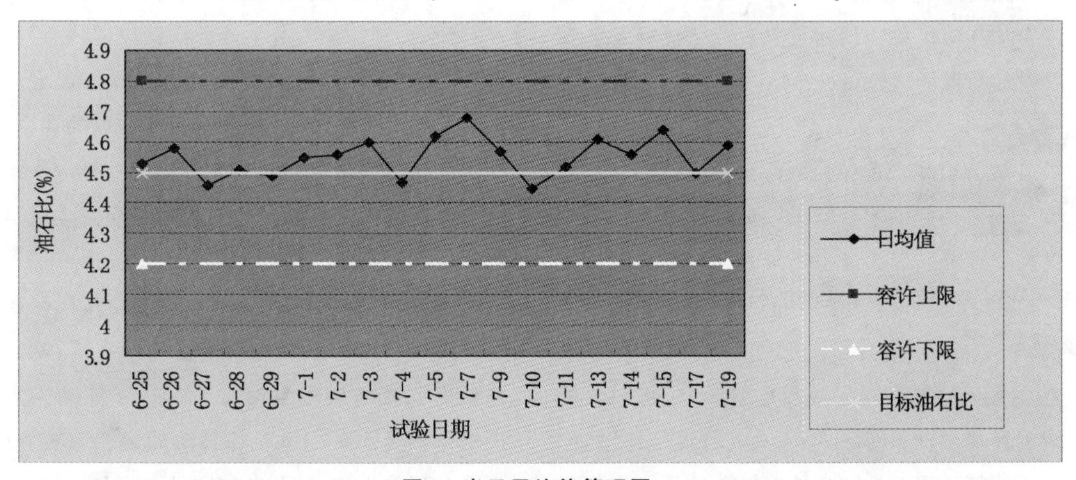

图1 当日平均值管理图

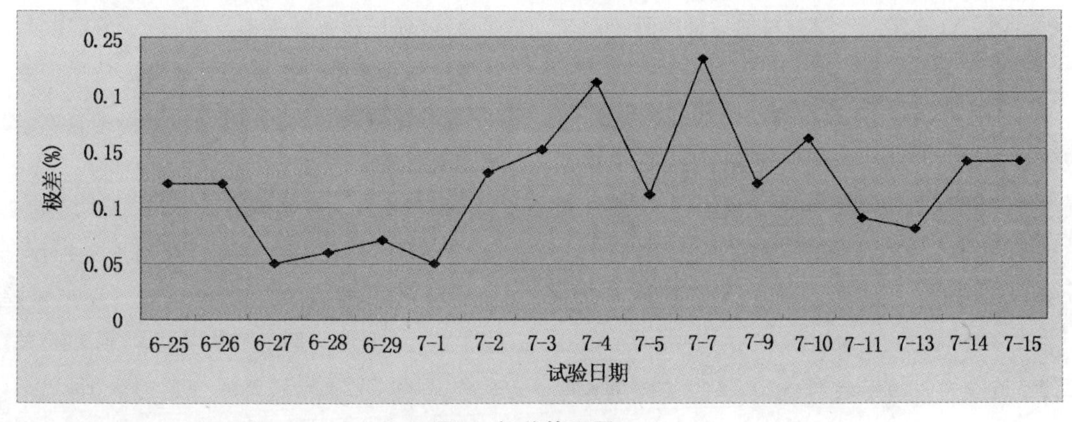

图2 极差管理图

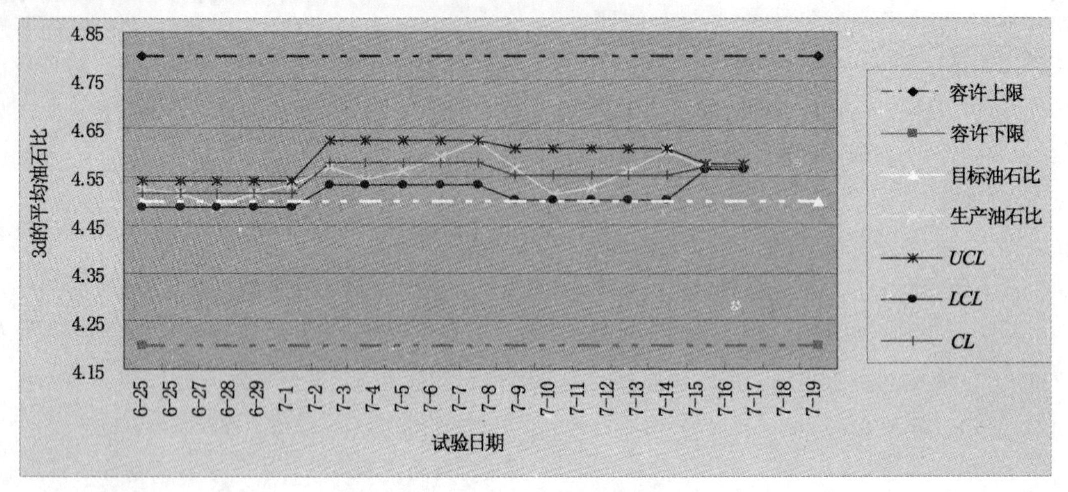

图3 3d平均值管理图

设计全部采用现场计划使用的材料来做，保证配比的可靠性。生产配合比设计在试验段开铺前3d内完成，从筛分后的各热料仓中直接取料进行配合比设计，以此确定各热料仓进料比例和最佳沥青用量。确定的配合比在施工中不得随意改变，但材料发生变化时及时通知现场试验室进行调整。

3.2 拌合

在正式拌合生产前，对拌合设备进行全面检查，使各部分处于良好的配合状态，重点校验计量搅拌和温度控制部分，以保证生产的混合料符合设计要求。施工期间定时校验测温装置，绝对保证其测温的准确性。

根据每天的航班情况、当天的工作任务以及先前完成的测量工作，计算出当天的沥青混合料用量。并根据不同沥青混合料的特性确定提前开始拌合混合料的时间，以确保沥青混合料的质量同时还满足施工的需求。

拌合时还应注意，上半夜施工气温相对较高，可按正常温度控制拌合、摊铺、压实各工序；下半夜往往气温下降很快，应适当提高拌合温度，加快混合料运输速度，并迅速完成摊铺及压实工序。

3.3 摊铺和碾压

由于不停航施工是在夜间进行，所以为了保证施工的精确和沥青的摊铺质量，施工中的测量和摊铺部分工作应采用数字化作业，比如假设基准梁时采用空域激光器，在摊铺机上配置自动找平系统，这样才可以更好地确保摊铺的平整度。此过程中还应注意，基准梁必须经常用柴油清洗，防止因表面粘附沥青或砂粒而影响摊铺平整度。摊铺方向应从主降方向开始，且摊铺时必须考虑横缝位置，每层横缝须与原混凝土道面横向施工缝错开100cm以上。此外，在整个摊铺过程中，与摊铺作业相关联的拌合、运输等其他工序必须要连接紧凑，避免在摊铺中出现停机待料现象。这样既可以保证摊铺质量也可以为后面的碾压作业减轻难度。

碾压过程中，如果条件允许，可以在碾压设备上配置压实度检测系统和速度控制系统，从而能更好地保证摊铺层碾压密实、均匀，还能减少因压路机操作不当而可能引起的表面拥包、起棱等现象。要实时根据天气情况、加铺层温度来控制好压路机在初压、复压和终压的碾压温度。当碾压至接坡或者薄层时，要严禁在压路机滚筒或轮胎上喷水，同时严禁压路机在已压实的道面上振动行驶，避免出现过压的现象。

3.4 试验室技术控制措施

实验室要对原材料进行严格质量控制，从原材料的进场、存放、使用，每一个过程都要追踪它的质量，对出现问题的材料要及时通知相关部门，根据实际情况适当调整混合料的级配以保证生产质量。

沥青混合料配合比设计严格按三阶段进行。在生产过程中，要紧密结合试验段铺筑所得的数据，根据现场加工设备，找出最佳的加工工艺。对每天生产的混合料，上下午都要进行热料筛分和燃烧实验，以随时监控沥青混合料的油石比和矿料级配范围。

除在沥青混合料生产阶段取样检测外，还要对每个施工日的每个铺筑段的抽提数据汇总、整理、分析，以评定本阶段的生产、施工情况，并对日后沥青混合料的生产提出指导意见。

4 结语

从该机场的地理位置、气候条件、道面状况和施工环境来看，此次道面加铺工程具有一定的代表性。同时，由于该工程中的施工单位具有多年的不停航施工经验，配备了相当数量的先进设备，故本次道面加铺工程中的一些施工方法和管理措施都代表了当前国内的较高水平。本文希望通过上述论述能够给机场和施工单位一些启发，促进双方各部门之间的信息交流，以便使双方能够更好地完成不停航施工的任务。

参考文献

[1]中华人民共和国行业标准.民用机场沥青混凝土道面施工技术规范 MH 5011-1999.

[2]中华人民共和国行业标准.公路沥青路面施工技术规范 JTG F40-2004.

[3]刘金辉，孙文州，刘欣，严夏生.质量动态管理在沥青混凝土路面施工中的应用[J].公路，2004(11).

[4]周天复，谢产庭.北京首都国际机场东跑道加铺工程沥青混合料生产的质量要求及控制 [J]. 市政技术，1997(4).

全国建筑业先进企业经验交流暨表彰大会在北京隆重召开

2009年12月15日，全国建筑业先进企业经验交流暨表彰大会在北京隆重召开。原建设部副部长、中国建筑业协会会长郑一军、住房和城乡建设部总经济师李秉仁、工程质量安全监管司副司长吴慧娟、中国建筑业协会副会长张鲁风、中国铁道建设协会秘书长朱振声等领导出席会议。这次会议由中国建筑业协会组织召开，旨在激发全行业学先进赶先进的热情，促进建筑行业提升整体素质，推动行业科学、健康地发展。全国建筑业先进企业和企业家、优秀建造师代表及“龙信杯”建设事业与祖国共繁荣主题征文活动获奖作者共800多人参加了会议。

新中国成立60年来，特别是改革开放30年以来，我国建筑业取得了辉煌的成就。上世纪八十年代初，建筑业作为城市改革的突破口，率先进行全行业的改革。二十多年来，建筑业对国民经济的贡献率保持在5.5%以上。建筑业的技术水平和管理能力不断提高，建造了一大批经典与精品工程，为国民经济发展和城乡面貌的改善做出了巨大贡献。我国建筑企业海外承包业务已发展到180多个国家和地区，在国际工程承包市场占有一席之地。建筑业吸纳农民工约3000万人，约占农村进城务工人员总数的三分之一，成为解决农民就业、农民增收的重要渠道。建筑业已成为名副其实的国民经济支柱产业。建筑业在改革和发展过程中，涌现出了一批规模大、实力强、业绩突出、发展势头良好的先进企业，它们是建筑业发展的领军力量，发挥着不可替代的重要作用。

农民工培训与施工企业的发展

——以河北省二建为例

薛亚良，赵　文，齐建增

(河北省第二建筑工程公司，河北 石家庄 050011)

摘　要：农民工作为施工企业的生力军，越来越受到施工企业的重视，本文介绍了河北省二建坚持以科学发展观为理念，创建农民工业余学校的做法和经验。

关键词：科学发展观，学习实践，农民工培训，业余学校

农民工作为我国现代化建设的一支重要生力军，得到了全社会的关注和关心。关心农民工不但要关心他们的生存和生活，更重要的是要关心他们的发展。作为河北省第一批学习实践科学发展观的唯一国有企业试点单位，河北省第二建筑工程公司在前期成功创建了数十所农民工业余学校后，坚持用科学发展观指导办学理念，视农民工为自有职工。通过加大设备投入，改善教学条件，完善教学制度，强化管理措施，加大培训力度，在提高农民工发展能力、提升农民工素质方面，取得良好效果。

一、视农民工为企业发展不可或缺的生力军

按照建筑业改革的方向，跟着包工头打工的农民工将成为建筑企业一支不可缺少的力量。而农民工中的大多数都是放下"锄头"就拿"榔头"，其安全意识淡薄，安全知识贫乏，操作技能较低，严重影响着建筑企业的生产与发展。

河北二建公司领导通过学习科学发展观，逐步认识到，农民工培训工作将成为创建优质工程、创建文明工地、创建和谐企业的重要环节和因素。只有从思想上重视农民工，感情上贴近农民工，生活上关心农民工，工作上培养农民工，把农民工当做自己的职工，才能与劳务公司建立长期合作、互利共赢的战略伙伴关系。通过上上下下、反反复复的宣传和沟通，关心农民工就是关心项目建设、培训农民工就是积累企业发展后劲的观念逐步成为大家的共识。

二、建农民工培训长效基地

思想的解放和观念的转变，使公司对农民工培训工作实现了由"创建发展"到"持续发展"的突破。公司多次组织有关部门研究农民工业余学校创建问题，在开展安全电化教学取得良好效果的基础上，重点在农民工培训工作的规范化、经常化上做文章。

1.以项目部为单位建农民工业余学校

按照统筹兼顾、因地制宜的原则，每个项目部要

建立农民工业余学校，坚持每月开展一到两次集中培训。任何项目部都不能以任何理由推卸培训农民工的责任。同时成立了领导小组，负责培训工作的检查指导和协调服务工作。

2.完善农民工业余学校教学管理制度

公司完善了农民工业余学校教学管理制度，对教师的聘用，备课、授课的质量，教学的组织与考核，听课的纪律和考勤，培训工作的检查考核等作了详细规定。为了提高项目部及各类专业人才办学的积极性，公司把办学和参与办学的情况列入各系统作为评比各类先进集体和先进个人的重要条件，年终进行评比。

3.为农民工创造良好的学习条件

加大教学设施的投入，创造良好的教学条件。公司集中为新开工的项目部购买了12台电视机，以及DVD机和黑板，统一制作了50块农民工业余学校的铜牌。职工图书室、娱乐室及其他文化娱乐设施等全部向农民工开放。

4.教材结合行业和企业施工的实际

紧密结合行业和企业的实际，自编印发培训教材。目前第一本教材——《建筑安全常识读本》，已给农民工印发了3 000本。由于文字规范通俗、内容形象有趣，教材一发放就成了农民工的抢手货。

三、注重农民工的培训实效

科学发展的核心是以人为本。农民工最大的权益莫过于安全健康权。他们来自农村，文化素质相对较低，有的对建筑安全知识一无所知。因此，安全培训是最紧要的事。公司紧密结合农民工业余文化生活特点，采取了多种农民工喜闻乐见的安全教育形式：一是购买发放安全教育扑克，寓安全教育于娱乐活动中，近两年共发放800副。二是印发了2 000本图文并貌、通俗易懂的《建筑企业员工安全知识宣传册》，像枕边书一样供农民工随时翻阅。三是向20个项目部分别购买发放了5套安全事故案例、案例剖析、现场救护、新职工入场教育、施工安全教育卡通片等VCD，利用晚上休息时间组织农民工观看。

总之，通过学习科学发展观，转变科学发展理念，河北二建公司在项目部共创办25所农民工业余学校，建立了相对固定的兼职教师队伍，坚持利用工余时间，定期、不定期开展上岗培训、安全培训、技术培训和“科学发展 问计问策”等活动，初步建立了农民工培训的长效机制，提升了农民工的发展能力，提高了工程质量，营造了和谐环境。农民工通过参加丰富多彩的培训活动，亲身感受到了公司“以人为本”的科学理念和对他们人格的尊重及能力的培养，希望长期在公司打工。目前已经有几十支成建制、有较高施工水平的劳务公司与我公司建立了长期稳定的合作关系。公司农民工发展能力提升工程取得了公司与农民工双赢的良好成效。

科普创作研讨会在京召开

由北京科普作家协会和北京科技记者协会主办的“科普创作面面观研讨会”9月21日在北京召开。

北京科普作家协会理事长张开逊、北京天文馆馆长朱进、著名科普作家郭耕等专家就科普理念、方法及其对社会进步的意义以及科普与宏扬科技界与公众的科学智慧与人文精神等方面的问题进行专题发言并与专家进行了广泛的交流和深入的研讨。

（王佐报道）

现浇钢筋混凝土结构施工常见问题解答（七）

◆ 陈雪光

（中国建筑标准设计研究院，北京 100048）

六、其他构造问题

1.在钢筋混凝土结构构件中的钢筋受拉锚固长度为何不是整数，如何计算锚固长度？

钢筋受拉的锚固长度是根据现行《混凝土结构设计规范》中规定的受拉钢筋锚固长度公式计算出来的，规范中规定了钢筋的最小锚固长度，原规范对锚固长度按以 5d 为间隔的整数方式取值，已不能准确地反映锚固条件的不同而对锚固强度的影响；随着我国钢筋强度等级的不断提高，结构形式的多样性也使锚固条件有了很大的变化，根据系统试验研究及可靠度的分析结果并参考国外的标准，现行规范给出了当充分利用钢筋的抗拉强度时，钢筋锚固长度的计算公式。基本锚固长度 l_a 与钢筋的强度 f_y 和混凝土的抗拉强度 f_t 有关，钢筋的外形也影响锚固长度，因此利用钢筋的外形系数 α 来考虑对锚固长度的影响；当混凝土的强度等级高于 C40 时，仍需按 C40 计算，其目的是为了控制在高强混凝土中锚固长度不至于过短；当钢筋的直径大于 25mm 时，避免钢筋直径较大时相对的肋高减小而降低了对锚固作用的影响，因此对锚固长度还应适度地加大，乘 1.1 的修正系数。

在地震的过程中，考虑地震作用的结构构件中的纵向受力钢筋，均会处于受拉、受压交替的受力状态，这时钢筋的锚固性能比单调的受拉更不利，根据不同的抗震等级，受拉钢筋的抗震锚固长度 l_{aE} 增大的系数也不同。

（1）普通钢筋的抗拉锚固长度：$l_a=\alpha f_y d/f_t$（d 为钢筋的直径）

（2）预应力钢筋抗拉锚固长度：$l_a=\alpha fpy\ d/f_t$（d 为钢筋的直径）

（3）受拉钢筋抗震锚固长度：

①一、二级抗震等级：$l_{aE}=1.15l_a$

②三级抗震等级：$l_{aE}=1.05l_a$

③四级抗震等级：$l_{aE}=l_a$

（4）任何情况下，受力钢筋的最小锚固长度不得小于 250mm；

（5）国家标准设计 G101 系列图集中已列出钢筋锚固长度的相应的表格，施工中可选用，不必单独进行计算。

2.在有人防要求的地下室结构，构件中的纵向受力钢筋锚固长度应如何计算，当受力钢筋采用绑扎搭接时，搭接长度应为多少？

在有人防要求的地下室结构中，无论上部结构是否有抗震要求，构件中的受力钢筋均应满足人防构件受拉锚固长度要求。当地下室的抗震设防等级高于三级时，应按抗震设防等级计算锚固长度，特别注意无抗震设防要求构件中钢筋的锚固长度不能按非抗震考虑。应按人防构件的受力钢筋锚固长度计算；当受力钢筋采用绑扎搭接连接时，搭接的长度是按人防要求计算的。人防地下室受力钢筋的锚固长度及绑扎搭接连接的长度，与普通混凝土构件的要求有自身的特殊性。(1)纵向受力钢筋在支座内的锚固长度 $l_{aF}=1.05l_a$;(2)无抗震设防要求构件(楼板、非框架梁)中的受力钢筋应满足 l_{aF} 的要求；(3)当直线锚固长度不满足要求时，可采用弯折锚固；(4)绑扎搭接连接的长度 $l_{lF}=\xi l_{aF}$，搭接长度的修正系数 ξ 应根据不同接头的百分率而确定。

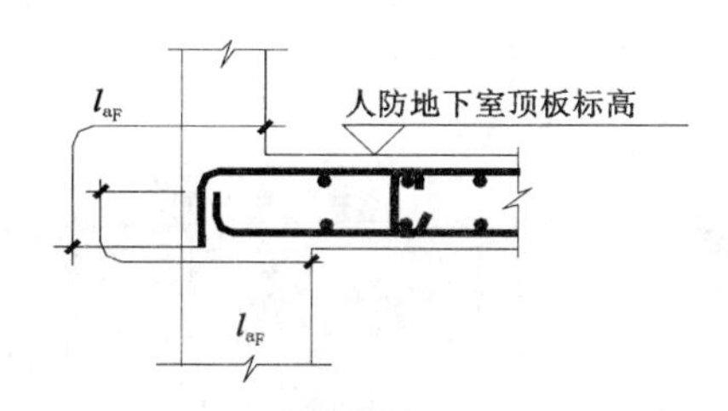

人防顶板钢筋锚固

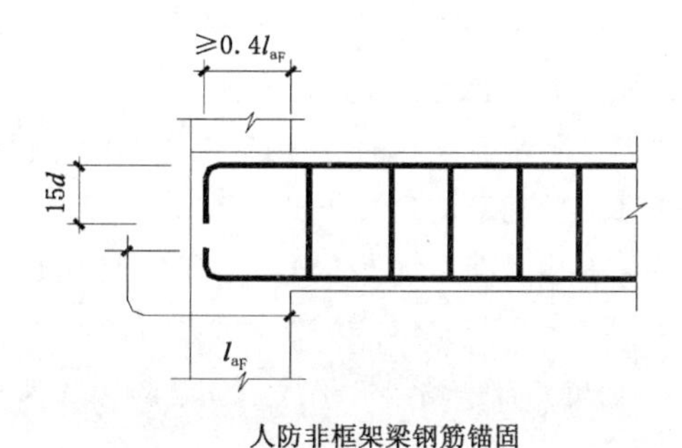

人防非框架梁钢筋锚固

3.混凝土构件中的纵向受力钢筋的配筋率应如何计算，构件中的一侧纵向钢筋是如何规定的？

混凝土构件中纵向受力钢筋的配筋率，在现行的《混凝土结构设计规范》中有规定的计算方法，其最小配筋的百分率是强制性条文。在国家标准设计G101系列图集中，某些标准构造详图需计算其配筋率后选用标准构造详图的做法，正确的计算配筋率才能正确地选用标准构造做法。(1)受压构件中的受压钢筋和一侧纵向钢筋的配筋百分率，其构件的截面面积应按全截面面积计算；(2)轴心受拉构件和小偏心受拉构件一侧受拉钢筋的配筋百分率，其构件的截面面积应按全截面面积计算；(3)受弯构件、大偏心受拉构件一侧受拉钢筋的配筋百分率，其构件的截面面积应按全截面面积扣除受压翼缘面积 $(b'f-b)h'f$ 后的截面面积计算；(4)偏心受拉构件中的受压钢筋，应按受压构件一侧纵向钢筋考虑；(5)当钢筋沿构件截面的周边布置时，“一侧纵向钢筋”系指沿受力方向两个对边中一边布置的钢筋计算。

4.在现浇混凝土结构中，砌体填充墙与主体结构应如何拉结，设置的构造柱中的纵向钢筋与主体结构应如何锚固？

在现浇混凝土结构中，因建筑的功能需要会设置隔墙和围护墙，当这些墙体为砌体材料时，由于砌体有一定刚度，若与主体结构的连接不合理，在地震时也会因墙体对框架柱的约束而造成破坏。通常要求采用柔性连接，特别要避免因墙体未砌到上部结构的底面，而使框架柱形成了短柱，对抗震更为不利。因填充墙未砌筑到上部结构底部时而使框架柱形成短柱或超短柱时，应按短柱或超短柱配置加密箍筋。

在框架结构中，当墙体的洞口宽度大于2m时，应在洞口边设置构造柱，当隔墙的长度大于层高的两倍时，也应设置构造柱。当墙体的高度较高时还应在墙体的半高处设置水平系梁，以保证墙体的自身稳定。构造柱与砌体填充墙应可靠地拉接，不可以采取先浇筑混凝土构造柱后砌筑墙体的做法。《建筑抗震设计规范》(2008年版)已把框架结构围护墙的设置要考虑对主体结构的不利影响，以及钢筋混凝土构造柱的施工应先砌墙后浇筑构造柱混凝土的规定，列入到强制性条文中，其目的是为了加强围护墙、隔墙的抗震安全性和加强对施工质量的监督、控制，提高对生命的保护及实现预期的抗震设防目标。

构造柱中的纵向钢筋应锚固在上、下主体结构中，并设置箍筋构造加密区；构造柱的混凝土不应浇筑到上层结构的底部，应留出2mm左右的间隙，其

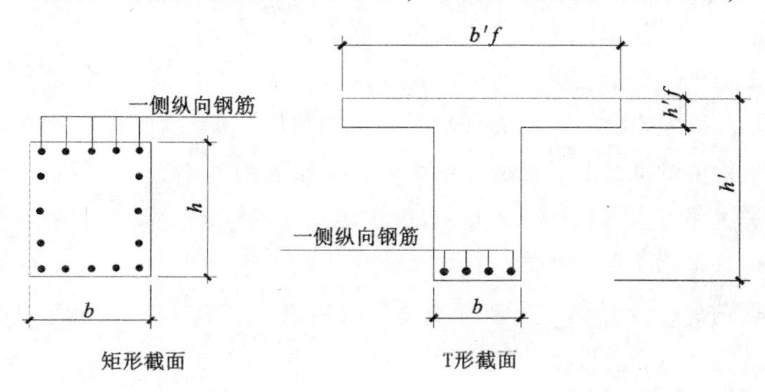

矩形截面　　T形截面

目的是防止主体结构框架梁的受力状态的改变，特别要注意的是在悬臂端处设置的构造柱，更要避免悬臂构件受力状态的改变；墙体中设置与框架柱、剪力墙和构造柱的拉结钢筋长度，应根据抗震设防等级的不同来确定。(1)围护墙、隔墙与主体结构应采用柔性连接，砌体与框架柱和剪力墙间预留10mm左右的空隙用嵌缝膏填缝。(2)构造柱中的纵向钢筋应在上、下主体结构中的锚固长度不少于500mm，箍筋在上、下各600mm范围内加密其间距不大于100mm。(3)填充墙的高度大于4m时，在墙体的半高处设置水平系梁，其钢筋应锚固在主体结构中。(4)填充墙砌体应沿墙体全高按竖向间距500mm设置拉结钢筋，拉结钢筋的长度当6、7度抗震设防时，应为700mm和墙长度的1/5的较大值，8、9度时宜沿墙长设置。(5)构造柱与砌体墙的连接，应先砌墙预留马牙槎后浇筑构造柱的混凝土，构造柱的上部应与主体结构留出20mm左右的缝隙。(6)无地下室的首层墙体构造柱，不必单独设置基础，构造柱伸至室外地面以下500mm或纵向钢筋锚固在基础圈梁中。

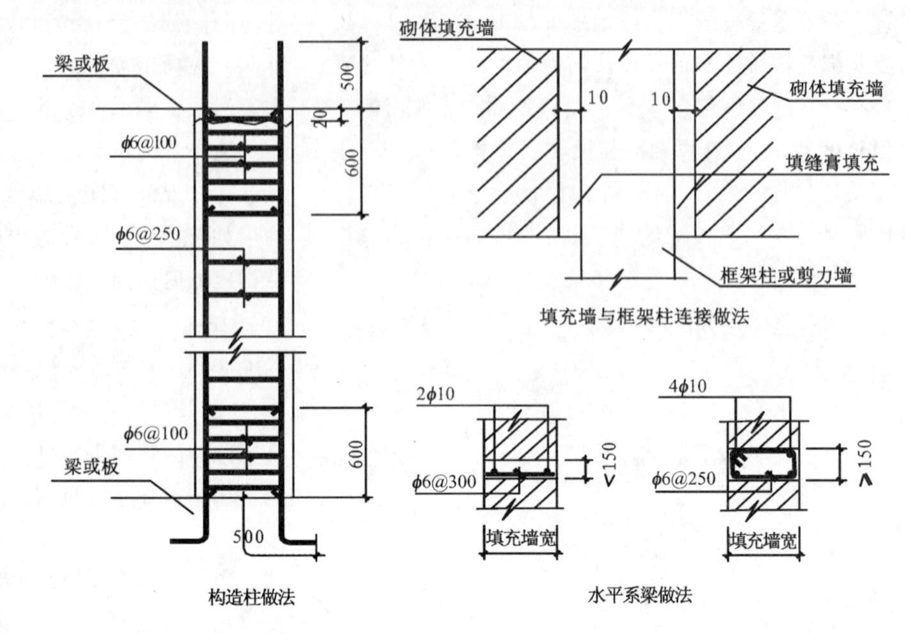

5.划分混凝土结构的环境类别的目的是什么，在工程中如何理解环境类别的划分？

混凝土结构环境类别(表1)划分的目的是为了保证混凝土结构构件的可靠性和耐久性，在不同的环境下耐久性的基本要求也是不同的，构件中纵向受力钢筋的最小保护层厚度也不同。在施工图的设计文件中均会对不同的环境类别中的构件，提出耐久性的基本要求，对构件中纵向受力钢筋的最小保护层厚度也有规定。现行《混凝土结构设计规范》对环境类别作出了明确的规定，混凝土结构按照其中规定的设计使用年限和环境类别进行设计和施工，其目的就是为保证结构的耐久性。

一类环境为室内正常环境比较好理解，二a与二b类环境的主要差别是严寒和非严寒、寒冷和非寒冷的温度环境。现行的《民用建筑热工设计规程》对严寒和寒冷地区的定义作出了规定：严寒地区系指最冷月平均温度不大于10°C，日平均温度不大于5°C的天数不小于145d；寒冷地区系指最冷月平均温度0~10°C，日平均温度不大于5°C的天数为90~145d；建筑工程的设计和施工时，应根据各地气象站的气象参数确定所属的气候地区；三类环境中的使用除冰盐环境是北方城市依靠喷洒盐水除冰化雪的立交桥及类似的环境。为了保护环境和生态的平衡，目前北方的很多城市已不允许采用喷洒盐水来除冰化雪了。海滨的室外环境是指在海水浪溅区之外，但是其前面没有建筑物遮挡的混凝土环境。(1)在工程的设计和施工中，正确地理解和界定环境的类别，可以保证混凝土结构在设计使用年限范围内的耐久性，并且还可以节约建筑成本；(2)根据环境类别和设计使用年限的要求，设计施工均应满足混凝土结构耐久性的基本要求和构件中纵向受力钢筋的最小保护层厚度规定；(3)四、五类环境中的混凝土结构，其耐久性应符合有关标准规定的要求。

6.混凝土构件的耐久性的基本要求有哪些，如何满足这些要求，耐久性的目的是什么？

为保证钢筋混凝土结构构件的可靠性，耐久性

混凝土结构的环境类别 表1

环境类别		条件
一		室内正常环境
二	a	室内潮湿环境：非常严寒地区和非常寒冷地区的露天环境、与无侵蚀性的水或土壤直接接触的环境
	b	严寒地区和寒冷地区的露天环境、与无侵蚀性的水或土壤直接接触的环境
三		使用除冰盐的环境；严寒地区和寒冷地区冬季水位变动的环境；滨海室外环境
四		海水环境
五		受人为或自然的侵蚀性物质影响的环境

的基本要求是其中的一方面，结构的可靠性是由结构的安全性、结构的适用性和结构的耐久性要求三者来保证的。现行《建筑结构可靠性设计统一标准》中规定，结构在规定的设计使用年限内，正常的维护下应具有足够的耐久性能。所谓足够的耐久性能，系指结构在规定的工作环境中，在规定的预期内，其材料性能的恶化不至于导致结构出现不可接受的失效率。从建筑工程的角度来讲，足够的耐久性能是指在正常维护条件下，结构能够正常使用到规定的设计使用年限。现行的《混凝土结构设计规范》对结构在不同使用环境类别中，根据设计使用年限对其耐久性的基本要求作出了规定，设计和施工均应按照此规定执行，目前结构工程在验收时，对结构构件不仅仅是验收强度指标，耐久性验收也是其中的一项。在工程中经常被忽略，导致部分结构构件达不到设计规定的要求。(1)混凝土结构在设计和施工中，均要考虑结构构件的耐久性基本要求；(2) 当混凝土结构的设计使用年限为50年，环境类别为一~三类时，应遵照表2的要求；(3) 对于设计使用年限为100年或环境类别为四、五类时，应遵守国家相应的标准规定。

7.混凝土结构构件中，纵向受力普通钢筋的连接方式有何规定，通常采用什么连接方式可以满足要求？

在钢筋混凝土构件中，纵向受力普通钢筋连接方式一般可分为三种：绑扎搭接、机械连接和焊接。在工程中，目前在板类构件中的小直径钢筋通常采用绑扎搭接，而在柱、梁、混凝土剪力墙的边缘构件等构件中的大直径钢筋采用机械连接或焊接。机械连接的技术已越来越成熟，并且国家有规程和标准的检验来保证，特别是钢筋的直螺纹连接技术在工程中使用得较为普遍。无论采用哪种连接方式，纵向受力钢筋的接头位置均宜设置在受力较小处，在同一根钢筋上宜少设置接头；在施工图设计文件中通常都会对有特殊要求的构件或部位，特别是有抗震设防要求的构件，规定连接方式和接头百分率。对于非抗震设防的建筑结构及不需要考虑抗震设防的构件，其纵向钢筋的连接方式可采用常规的方式。

一、构件中纵向受力钢筋的绑扎连接的要求：

1)轴心受拉构件和偏心受拉构件中的纵向受拉钢筋，不得采用绑扎搭接连接；

2)受拉钢筋直径大于28mm，受压钢筋直径大于32mm，不宜采用绑扎搭接连接；

3)相邻的绑扎搭接接头宜错开，连接区段的长度系数为1.3倍的搭接长度；

结构混凝土耐久性的基本要求 表2

环境类别		最大水灰比	最小水泥用量(kg/m^3)	最低混凝土强度等级	最大氯离子含量(%)	最大碱含量(kg/m^3)
一		0.65	225	C20	1.0	不限制
二	a	0.60	250	C25	0.3	3.0
	b	0.55	275	C30	0.2	3.0
三		0.50	300	C30	0.1	3.0

注：1.氯离子含量系指其占水泥用量的百分率。
2.当混凝土中加入活性掺合料或能提高耐久性的添加剂时，可适当降低最小水泥用量。
3.当使用非碱活性骨料时，对混凝土中的碱含量可不作限制。
4.外加剂给混凝土带来的碱含量不能大于1.0kg。

4)同一连接区段搭接接头百分率：梁、板、墙类构件不大于25%，柱类构件不大于50%；

5)受压钢筋的搭接长度可为受拉钢筋搭接长度的0.7倍；

6)同一区段内搭接接头的百分率不同时，应考虑搭接长度的修正系数ζ；

7)受疲劳的构件中纵向受力钢筋不得采用绑扎连接。

二、构件中纵向受力钢筋的机械连接的要求：

1)接头宜相互错开，接头区域为35d(d为钢筋直径较大者)；

2)当接头在受力较大部位连接时，纵向受拉钢筋接头的百分率应不大于50%，对受压钢筋不限制；

3)连接件的混凝土保护层厚度宜满足最小保护层厚度要求，连接件的横向净距不宜小于25mm;

4)承受动力荷载构件中的纵向受力钢筋，接头百分率应不大于50%。

三、构件中纵向受力钢筋的焊接连接的要求：

1)接头宜相互错开，接头区域为35d(d为钢筋直径较大者)，且不小于500mm;

2)同一连接区段内纵向受拉钢筋接头的百分率应≤50%，对受压钢筋不限制；

3)受疲劳的构件中纵向受力钢筋不宜采用焊接连接，严禁在受力钢筋上焊接附件。

8.在有抗震设防要求的结构中，为何对有些构件中的纵向受力钢筋有强制性的规定，其目的是什么？

在有抗震设防要求的构件中，对纵向受力钢筋的要求可分为强制性要求和非强制性要求两种，对抗震等级为一、二级的框架梁、柱中纵向受力钢筋，《建筑抗震设计规范》有强制性的规定，并在该规范的2008年版中增加了对钢筋延伸率的要求。当采用普通钢筋时，钢筋的抗拉强度的实测值与屈服强度的实测值的比值的限制，是为了保证当构件某个部位出现塑性铰后，塑性铰处有足够的转动能力与耗能能力，同时还规定了屈服强度的实测值与标准值的比值限制，这些强制性规定是为了实现强柱弱梁、强剪弱弯所规定的内力调整的目的，并且保证结构在地震作用下有足够延性的要求。在结构的验收中，此项强制性要求是一项重要内容。对其他构件或其他结构形式，可不用此项强制性规定来要求。

抗震等级为一、二级的框架结构中的框架梁、框架柱中的纵向受力钢筋，当采用普通钢筋时应满足：

(1)钢筋抗拉强度的实测值与屈服强度的实测值的比值不应小于1.25；(2)钢筋屈服强度的实测值与钢筋标准值的比值不应大于1.30；(3)钢筋在最大拉力下的总伸长率的实测值不应小于9%。

9.在混凝土结构的构件中，纵向受力钢筋的代换有何要求，在同一构件中的纵向受力钢筋是否可以采用不同等级的钢筋？

在实际工程中由于材料的供应等原因，钢筋的代换是不可避免的，特别是纵向受力钢筋的代换。通常的代换形式为：直径的代换和强度等级不同的代换，无论哪种代换都要遵循钢筋代换后受拉设计承载力相等的原则，即等强度代换。并不是用相同直径高强度的钢筋代换低强度的钢筋，或大直径的钢筋代换小直径的钢筋，结构就是安全可靠的。特别是在有抗震设防要求的建筑结构的框架梁、框架柱和剪力墙边缘构件等部位的纵向受力钢筋，当钢筋代换后的构件总承载力大于原设计值时，会造成薄弱部位的转移，对结构的整体不一定是安全的。《建筑抗震设计规范》(2008年版)已将有抗震要求的构件中纵向受力钢筋的代换列入强制性的条文中。

由于构件在受力时钢筋是处于受拉或受压状态，在同一构件中采用不同强度等级的纵向受力钢筋是不安全的。特别是当构件处于极限状态时，由于钢筋的设计强度不同，部分低强度的钢筋首先达到设计强度，会造成构件未达到设计承载能力时就产生了破坏。

在施工图设计文件中应有关于钢筋代换的说明，施工中不可自行作出钢筋代换的决定，需要有原设计的结构工程师的书面确认文件。(1)构件中的纵向受力钢筋的代换应遵循承载力相等的原则，采用等强度代换；(2)构件中受力钢筋的代换，特别是在抗震结构中有抗震要求的构件，应有原设计的结构工程师书面认可；(3)在同一混凝土构件中的纵向受力钢筋，应采用同一强度等级的钢筋，钢筋的直径不宜大于两级。

10.在混凝土构件中一般对受力钢筋的最小保护层厚度都有规定，而对于分布钢筋、构造钢筋和箍筋的保护层是否也有规定？

受力钢筋最小保护层厚度的规定，是为了满足结构构件的耐久性和对受力钢筋有效锚固的要求。在施工中通常对构件中纵向受力钢筋的保护层厚度比较重视，而对分布钢筋和构造钢筋的保护层厚度会忽略。现行《混凝土结构设计规范》对分布钢筋和构造钢筋的保护层厚度也有明确的规定，在施工图的设计文件中都应有明确的要求。构造钢筋是指不考虑受力的架立钢筋、分布钢筋、拉接钢筋等。工程实践证明，为保证结构构件的耐久性，对架立钢筋、分布钢筋保护层厚度的规定是有效的。因此在工程中设计文件应除对纵向受力钢筋的最小保护层厚度提出要求外，对分布钢筋及梁柱中的箍筋也应提出最小保护层厚度的要求，现行的《混凝土结构设计规范》中也有明确的规定，施工时应遵照执行。施工中不但构件的受力钢筋要满足最小保护层厚度的要求，分布钢筋、构造钢筋、拉结钢筋等也需要满足设计的规定。(1)钢筋混凝土构件中板、墙、壳中的分布钢筋，其保护层厚度应不小于相应构件受力钢筋保护层厚度数值减10mm，且也不应小于10mm;(2)梁、柱中的箍筋和构造钢筋的保护层厚度不应小于15mm，其构造钢筋系指不考虑受力钢筋的架立钢筋、分布钢筋和拉接钢筋等。

11. 在有抗震要求的现浇钢筋混凝土框架结构中，对框架梁、柱的纵向受力钢筋的连接方式有何要求，是否可以采用绑扎搭接连接？

有抗震设防要求的现浇钢筋混凝土框架中，框架梁和框架柱中的纵向受力钢筋，在有条件的情况下，采用机械连接比绑扎搭接连接和焊接连接的传力效果更好，在不宜采用绑扎搭接连接的部位应尽量采用机械连接和焊接，大直径的钢筋采用搭接连接对钢筋比较浪费，且在搭接范围内箍筋还要加密处理，建筑成本也会增加，因此不宜采用绑扎搭接接头；轴心受拉构件及小偏心受拉构件（如桁架和拱的拉杆等）中的纵向受力钢筋不得采用绑扎搭接接头。(1)框架柱：一、二级抗震等级及三级抗震等级的底层，宜采用机械连接，也可以采用绑扎搭接接头和焊接接头。三级抗震等级的其他部位和四级抗震等级，可采用绑扎搭接接头和焊接接头。(2)框支梁和框支柱：宜采用机械连接接头。(3)框架梁：一级抗震等级宜采用机械连接接头。二~四级抗震等级可采用绑扎搭接接头和焊接接头。(4)经常承受反复动力荷载的梁，其纵向受力钢筋不应采用绑扎搭接接头，也不宜采用焊接接头。

12.未作明确规定的不允许钢筋连接区域内接长时，受力钢筋在有条件的情况下是否可以在此区域内连接，避开“受力较大的区域”是指哪些部位？

在现浇混凝土构件中，因钢筋规格的限制及工程跨度的要求，纵向受力钢筋不可能避免有连接接头，通常小直径的钢筋均采用绑扎搭接连接，对于大直径的钢筋有条件时应采用机械连接，目前机械连接在工程中已是常规的做法了，并且连接质量也是有保证的。

未作不允许钢筋连接的区域内，原则上均可以连接，由于钢筋通过连接接头的传力性能总不如整根钢筋好，因此同一根钢筋在一个跨度内尽量少设接头，设置接头的位置应该选择在受力较小的部位。(1)在施工图设计文件和国家标准、规范规定的受力钢筋非连接区域内，一般尽量不采用钢筋连接接头；(2)在受力钢筋非连接区域外的连接时，纵向受力钢筋也应控制接头的百分率并保证接头的质量；(3)构件受力较大区域，一般系指框架梁柱节点区、梁下部的跨中区、梁上部的支座附近、梁内有较大集中力的位置、框支梁上部墙体有洞口的位置等。

13.钢筋混凝土结构中，在钢筋搭接连接的长度范围内是否均要求箍筋加密，机械连接和焊接是否也要求箍筋加密？

现浇钢筋混凝土结构中对钢筋搭接长度范围内设置加密箍筋，系指对梁、柱纵向受力钢筋搭接长度范围内的要求，是为防止纵向受力钢筋连接失效的构造规定。对于非受力钢筋的搭接及受力钢筋与架立钢筋、梁内构造腰筋的搭接的长度范围内不需要箍筋加密。对于焊接连接和机械连接的接头范围内也不需要箍筋加密的构造措施。

(1)梁、柱纵向受力钢筋采用绑扎搭接时，在接头范围内应配置加密箍筋，箍筋的间距不大于100mm;(2)非受力钢筋的搭接、受力钢筋与架立钢筋搭接、梁侧面腰筋的搭接长度范围内无需配置加密箍筋；(3)梁、柱中的纵向受力钢筋采用机械连接和

（下转第19页）

关于支持加快太阳能光电建筑应用的政策解读

为贯彻《可再生能源法》,落实国务院节能减排与发展新能源的战略部署，加快推进太阳能光电在城乡建筑领域的应用,近日,财政部会同住房和城乡建设部印发《关于加快推进太阳能光电建筑应用的实施意见》(财建[2009]128 号,以下简称《实施意见》)及《太阳能光电建筑应用财政补助资金管理暂行办法》(财建[2009]129 号,以下简称《资金办法》),现就相关问题进行政策解读。

一、《实施意见》和《资金办法》规定的扶持重点领域有哪些?

推进太阳能光电发展是一项系统工程，涉及技术进步、产业发展、市场培育等多个领域,近年,有关部门已在科技研发等方面出台了相关扶持政策,极大地促进了我国太阳能光电发展。此次,财政部、住房和城乡建设部印发了《实施意见》和《资金办法》,主要是要通过财政补助支持开展光电建筑应用示范项目，解决太阳能光电建筑一体化设计及施工能力不足、相关应用技术标准缺乏、与建筑实现构件化的太阳能光电组件生产能力薄弱等问题，从而启动太阳能光电在城乡建筑领域的应用市场，带动太阳能光电产业发展。因此,政策扶持重点是太阳能光电建筑一体化应用等。不与建筑结合利用的光伏电站等光电利用形式不在此政策扶持范围之内。

二、2009年太阳能光电建筑应用示范补助标准如何确定,计算依据是什么?

《资金办法》规定,2009 年补助标准原则上定为 20 元/W,具体标准将根据与建筑结合程度、光电产品技术先进程度等因素分类确定。以后年度补助标准将根据产业发展状况予以适当调整。

1.2009 年补助标准原则定为 20 元/W。太阳能光电建筑应用系统成本主要包括两个部分：一是太阳能电池组件成本,近年来,随着国内光电企业技术进步与产业规模扩大,太阳能电池成本迅速下降,目前已降至 20 元/W 以内。二是安装应用成本,包括设计施工、平衡系统、电网接入等,根据与建筑结合利用程度的不同,实际安装应用成本差异较大，一体化程度较高的安装应用成本也较高，目前安装应用成本平均在 20 元/W 左右。2009 年的补助标准确定为 20 元/W,占目前系统成本的近 50%。补助后发电成本约为 1 元/(kW·h)左右,增强了光电竞争力。上述补助标准与国际比较也处于适中水平,有利于更好地开拓国内市场。

2.具体补贴标准将分类确定。对于与建筑结合程度高、光电产品技术先进的项目,如实现构件化、一体化安装的示范项目，补贴标准将达到 20 元/W;对于简单的光电建筑应用,将降低补贴标准。具体标准将在随后发布的申报指南中予以明确。

3.补助标准将逐年调整。随着产业技术进步与国内应用量的增长,预计光电系统应用成本将进一步下降,今后将根据成本变动情况,逐年调整补助标准。

三、2009年支持光电建筑应用示范政策力度有多大?

近年,我国太阳能光电产品主要出口国外,国内建筑安装应用量较小。《实施意见》和《资金办法》的出台将加快光电在建筑领域的应用，但当年符合条件的光电建筑应用量将受到工程项目进度、建筑一体化应用程度等因素影响,因此,目前国内光电建筑应用量尚难准确测算。中央财政将根据 2009 年符合条件的光电建筑实际安装应用量相应安排补贴资金,以确保光电建筑应用示范工作的顺利实施。

中央财政对示范工程予以资金补助，更重要的是发挥财政资金政策杠杆作用,形成政府引导、市场

我国太阳能市场及全球新兴太阳能市场分析

近几年在能源危机日益加剧和人们环保意识逐渐加强的态势下，全球太阳能光伏产业得到了迅速的发展。中投顾问最新发布的《2009~2012 年中国太阳能光伏发电产业投资分析及前景预测报告》显示，2007 年全球太阳能新装容量达 2 826MW，其中德国约占 47%，西班牙约占 23%，日本约占 8%，美国约占 8%。2008 年全球太阳能新装容量达到了 5 500MW 以上，其中，按地区排名西班牙名列首位，德国第二。2008 年，全球太阳能安装总量已累计达 15GW，西班牙新装量为 2.5GW，约占 2008 年新增安装量的一半。

中投顾问能源行业首席研究员姜谦认为，虽然近年来全球太阳能光伏产业发展迅速，但有一点不容忽视，那就是以往全球光伏产业的终端市场主要集中在欧洲的西班牙、德国等地，这已经给产业的发展带来了很大的制约。再加上金融危机的到来，西班牙光伏政策发生巨大转变，不仅导致其国内市场萎缩，更为重要的是这同时使全球光伏产业的快速发展势头受到了很大的打击。

在此种态势下，尽快寻找新兴市场已经成为全球光伏产业再次腾飞的关键。那么，哪些地区在发展光伏产业方面有着巨大的潜力？经历了金融危机洗礼之后的全球光伏产业究竟应该把目光瞄向哪里？中投顾问能源行业研究部将为您解读！

中国光伏产业已吸引世界目光

中国太阳能资源非常丰富，理论储量达每年

推进的机制和模式，启动国内应用市场，加快推进太阳能光电建筑应用。

四、补助资金拨付程序是怎样规定的？

《资金办法》规定，财政部将项目补贴资金总额预算的 70%下达到省级财政部门，由省级财政部门会同建设部门及时将资金落实到具体项目。示范项目竣工验收达到预期效果的，财政部将拨付余下 30%的补贴资金。分两次拨付资金的规定，主要为确保国家示范工程的质量，保证系统能正常发电运行，并通过示范项目验收评估，及时总结经验，相关部门将在此基础上制定完善相关技术标准、规程，提升太阳能光电建筑应用设计、施工能力。

五、如何具体申报和实施太阳能光电建筑应用工程示范？

《资金办法》的第七条到第十二条对光电建筑应用示范的组织实施已经作出了明确规定：

一是要求太阳能光电项目的业主单位或太阳能光电产品生产企业等单位在申请资金时，应提供项目立项审批文件、太阳能光电建筑应用技术方案、太阳能光电产品生产企业与建筑项目等业主单位签署的中标协议等材料。这样规定的目的是，财政支持成熟的、在建的项目，以尽快形成有效的光伏发电安装量，启动国内市场。

二是示范项目及补助资金确定后，财政部将补助资金拨付省级财政部门。示范项目的具体组织实施将主要依托地方财政、住房和城乡建设部门进行。

三是财政部、住房和城乡建设部将于近期下发申报通知和指南，进一步细化补助资金重点支持领域、技术要求、申请材料要求、资金申请程序等，尽快启动第一批太阳能光电建筑应用示范项目。

17 000亿t标准煤。太阳能资源开发利用的潜力非常广阔。中国光伏发电产业于20世纪70年代起步，90年代中期进入稳步发展时期。太阳能电池及组件产量逐年稳步增加。经过30多年的努力，已迎来了快速发展的新阶段。到2007年年底，我国从事太阳能电池生产的企业达到50余家，太阳能电池生产能力达到290万kW(2 900MW)，太阳能电池年产量达到1 188MW，超过日本和欧洲。但是，与光伏生产大国相对应的则是，我国光伏系统的安装量基本可以忽略不计。

2008年我国光伏电池产量达1.78GW，占全球总量的26%。其中，国内太阳能电池龙头厂无锡尚德2008年产量约为500MW，排名全球第三，而天威英利产出281.5MW，天合光能产出约200MW。而从市场占有率来看，中国太阳能电池厂商(包括台湾省)的市场占有率逐年提升，2007年中国太阳能电池厂商市场占有率由2006年的20%提升至35%，2008年则更进一步，大幅提升至44%，连续两年成为世界第一。但是，2008年我国光伏系统安装量为40MW，占全球总安装量的比例仅为0.73%。而在2007年我国光伏系统安装量为20MW，占全球总安装量的比例为0.8%。

姜谦认为，从以上数据可以明显看出，截至2008年年底，我国的光伏系统安装量还停留在一个很小的阶段，国内仅有的几个光伏发电项目，包括内蒙古鄂尔多斯(205kW)和上海崇明岛(1MW)项目还都属于国家发改委批复的示范性项目，也就是说国内光伏市场并没有真正大规模开启。

但在近期以上局面似乎有转变的迹象。2009年3月23日，我国财政部、住房和城乡建设部出台《关于加快推进太阳能光电建筑应用的实施意见》，并出台了《太阳能光电建筑应用财政补助资金管理暂行办法》，决定有条件地对部分光伏建筑进行每瓦最多20元人民币的补贴。加之即将颁布的新能源发展规划，都预示着中国的光伏市场开启在即。与光伏新政伴随的是国内光伏发电厂项目的纷纷上马。除此之外，最重要的一点是中国光伏市场已经成为世界瞩目的焦点。

6月24日，浙江温州大展国际贸易有限公司“牵手”沙特阿拉伯巴格山集团，巴格山将以资金入股在温州投资太阳能项目，该项目总投资5.3亿元。

6月22日，江苏响水县与美国新能源技术公司签订太阳能光伏产业基地项目协议书。该项目一年内建成一条生产线，年产1 000t多晶硅，三年内建成七条生产线，年产7 000t多晶硅，总投资约50亿元，六年内投资完成光伏产业基地，将发展成“多晶硅-硅锭-硅片-光伏电池-组件”完整的太阳能光伏产业链。

6月16日，四川甘孜州政府与西班牙维拉米尔集团在西班牙正式签订协议，总投资8.2亿欧元的硅产业合作项目落户康定。姜谦指出，短短几天之内，多家国际企业纷纷选择投资光伏产业，这并非偶然。说明在我国政府强有力的政策引导下，我国的光伏产业不仅让国内企业看到了机遇，而且可以毫不夸张地说，中国的太阳能光伏产业已经吸引了世界的目光。

姜谦同时认为，以上国际企业的入住应该只是一个开端，未来应该会有更多的海外资本选择涉足中国太阳能光伏产业。这不管是对国内光伏产业来说，还是对我国的整个能源产业来说，都是一个巨大的机遇。

新兴市场将成欧洲光伏产业主动力

2008年全球太阳能电池导入量达到了5.5GW以上，其中80%以上的新增导入量位于欧洲。代表性的国家就是德国和西班牙，这两国2008年新增太阳能电池导入量分别达到2 511MW、1 500MW，占欧洲总量的84%。

2009年伊始，西班牙已经对其国内的太阳能产业补贴政策进行了调整，使得其装机容量或将停滞不前。而近日从德国传出消息，该国政府因考虑到太阳能模块价格在近几季快速下滑，认为民众安装太阳能发电系统的投资报酬率已过高，不排除重新估算补助费率。德国现行的太阳能补助方案是在2008年由该国下议院正式宣读后定案的。目前的太阳能年度收购电价税率(Feed-in Tariffs)由2008年以前年降幅5%，改成2009~2010年降8%、2011年降9%；地面装配系统(Ground-mounted system)从2008年降6.5%，改成2009~2010年降10%。新法规已在2009年1月1日生效。

姜谦认为，两大传统光伏大国的政策发生转变，

或将给欧洲乃至全球光伏市场带来沉重的打击。但是,令人欣慰的是,新兴市场的快速崛起将填补传统光伏大国留下的空白。

首先是意大利，随着该国政府近期推出极具吸引力的光伏补贴政策，以及光伏模块价格的不断下跌,使得众多投资者发现了商机,从而推动了意大利市场的迅速扩大。最新的消息是,中国的光伏厂商天合光能已经向意大利的 ErgyCapital 提供了 4.7MW 的光伏发电设施。随着众多光伏发电计划正处于规划与执行之中,意大利极有可能在 2010 年时成为全球第二大光伏市场。

市场调研公司 iSuppli 最新预测显示，到 2013 年捷克的太阳能系统装机容量可能达到 500MW,而 2008 年时只有 50MW,期间的复合年增长率达 66.5%。从营业收入角度来看,2013 年该国光伏产业将从 2008 年时的 3 亿美元增长到 17 亿美元。而保加利亚到 2013 年时的太阳能装机容量也将达到 600MW，而 2008 年是 1MW,复合年增长率高达 89%。另外,到 2013 年希腊安装的光伏系统将达到 1.2GW，而 2008 年只有 40MW,期间的复合年增长率为 88.5%。

中东将成全球光伏产业新大陆

纵观全球太阳能光伏产业的发展历程，先有日本的一家独大,再有欧洲的强势崛起,再到如今的中美等新兴市场极度被看好。而中东地区由于有丰富的油气资源,在发展光伏方面似乎并不被看好。但如今,随着全球新一轮新能源投资热潮的兴起,中东地区的阿拉伯富翁们不仅看到了寻找替代能源的重要性,同时也看到了光伏产业所蕴藏的巨大商机。正是这种转变将促使中东成为全球光伏产业的新大陆。

其实不仅是观念在转变，阿拉伯人已经将理论付诸到了实践之上。2009 年 5 月底阿联酋阿布扎布马斯达城的中东首个 10MW 太阳能公园已经与阿布扎比的电网连接到了一起，并利用太阳能电来结束该城内的零废物、零碳量的剩余工程期的建设。另外,太阳能服务供应商 Sunday Energy 已经和世界上最大的地热发电解决方案公司之一的 Ormat 签署了一项协议，在以色列的 Yavne 地区安装一个 1MW 光伏太阳能屋顶。该项目 1.6 万 m^2 的安装面积也将成为中东最大的太阳能屋顶，在未来 20 年内还会产生超过 6 000 万新谢克尔的太阳能销售，该项目将耗资约 2 000 万新谢克尔建造,预计将在 2010 年上半年完成。

正如尚德太阳能电力有限公司(Suntech)中东部主任纳德·简大奇(Nader Jandaghi)所说:“阿联酋不但拥有丰富的太阳光,而且还从石油、贸易、旅游和房地产业获得丰富的收入。鉴于拥有这些优势,阿联酋应该制订追上甚至超过欧美的目标。”

姜谦认为,其实不仅阿联酋,丰富的太阳能资源以及从石油等产业获得丰富的收入也是其他中东国家发展光伏产业的先天优势。如果能尽快将这种优势加以利用,这块新大陆定会再次闪现出耀眼的光芒。

北非是未来太阳能争夺主战场

据德国媒体 6 月中旬报道,20 家德国企业和银行正策划投资 4 000 亿欧元巨资在北非建造一座人类历史上规模最大的太阳能电站。这座建在沙漠之中的太阳能电站建成后将能满足全欧洲 15%的电力需求,将是人类史上最大的清洁能源项目。

姜谦认为,虽然此项目尚属策划阶段,能否实施还不确定,距离真正产生效应的时间就更遥远。但这并非说它现在没有任何意义。德国企业的这一思路已经为未来的全球太阳能产业发展设定了方向。随着能源替代进程的加快，全球各国太阳能的开发速度也会加快,不仅在本国开发,而且会将触角延伸到太阳能资源丰富但因技术落后、资金紧张而无力开发的地区。而目前的石油争夺战将来也会顺势转变为太阳能争夺战。

北非沙漠的太阳能资源非常丰富。根据欧盟委员会能源研究所提供的数据，只要能够利用撒哈拉沙漠和非洲中东部沙漠的太阳能的 0.3%,就足以满足整个欧洲的能源需求。这一地区也会成为未来太阳能争夺战的焦点。

姜谦认为，虽然目前全球光伏产业的发展受到多种因素的制约,但是 2009 年以来全球各国的相关政策已经给予光伏产业极大的信心。相信经过一段时期的快速发展,国内市场饱和之后,太阳能资源相对缺乏国家的企业走出国门，到海外圈地或许会成为一种常态。

——2008年底,中国无锡,拥有全球最大面积光伏幕墙的建筑诞生。

——6 900m² 的墙体上,光电板满布,通透灵动。

——这就是尚德生态大楼。

尚德生态大楼 创建绿色未来

尚德生态大楼自身先进的技术和超前的理念,表率了光伏建筑的未来趋势和发展空间。在这个过程中,困难不计其数,艰难不可思量,而这样一个兼具开创性、前瞻性和试验性的工程,成功的意义也是非凡的。

实现四大承诺

尚德生态大楼把绿色、环保、可再生的永续能源——太阳能,通过建筑这一载体,转换成宜人的生存环境。尚德的几大承诺也在生态大楼里初步实现。

承诺一:摆脱对化石燃料的依赖

尚德生态大楼整个工程设计容量为1MW,预计全年发电量102万kW·h,能够满足大楼80%的电力需求。以最低使用寿命25年计算,期间共可发电2 550万kW·h,预计每年可以替代标准煤368t,减排432t,25年共替代标煤9 180t,对推广绿色能源,缓解峰电压力起到很好的示范作用。此外大楼还集成应用地热利用技术、空气热泵技术、水源收集与循环利用技术等先进技术,是全球最大的单体光伏幕墙功能型生态建筑。

承诺二:太阳能的创新突破

尚德生态大楼是在一系列新技术的不断突破与创新中诞生的:南立面幕墙采用了太阳能应用中的突破性技术——光伏建筑一体化(BIPV)产品,为目前世界上单体最大面积的光伏幕墙,最大的光伏系统装机量与发电量,最轻巧的钢结构,小于1.0的墙体保温隔热U值,年节约20万kW·h电的新风系统,1.2万m^2的毛细顶棚,集成各个系统的智能楼宇自控系统,各项创新与突破让尚德生态大楼站在了当今太阳能建筑的前沿。

承诺三:清洁、实惠的能源解决方案

尚德生态大楼集成了太阳能光伏发电、新风系统、地源热泵等新型技术,使得"零能耗大楼"这一目标得以实现。利用清洁能源,使建筑实现能源上的自给自足,不仅降低建筑能耗、减少排放,而且实现了能源有效利用的最大化。

承诺四:输送高品质的太阳能产品

尚德生态大楼应用的各项技术和产品,通过国内外各项相关标准检测后均达国际领先水平,这是对尚德电力质量第一精神的一脉相承。质量控制是尚德电力运营与管理体系的核心部分,公司的产品技术和质量水平早已处于国际光伏行业的先进水平。尚德电力是中国首家获得TüV、IEC、CE和UL等国际权威认证以及唯一获得出口免检的光伏企业。

目前，尚德电力已成为全球第三大光伏电池生产商以及最大的光伏组件供应商，公司正源源不断地为全球客户输送高品质的太阳能产品。

七大世界领先技术体系

尚德生态大楼的低能耗标准采用了Trias Energetica的设计理念。该理念遵循以下三点：1.避免浪费和实施节能措施，从而减少能源需求；2.使用可持续性能源而不是化石燃料；3.尽可能有效提高化石能源的生产和使用效率。

技术是推动企业向前发展的核心竞争力。尚德电力在发展过程中通过不断创新，形成了自主知识产权和独有的核心技术。公司每年将销售收入的5%投入到技术研发，三年中完成了国家、省、市科技攻关项目20余项，并争取“863计划”等各级各类科技专项资金3 000余万美元的支持。在上市融资后即将其中的2 000万美元投入到技术研发中，积极开展与海内外各类科研院所的技术合作，确保了公司研发水平始终走在世界同行的前列。截至目前，尚德拥有自主知识产权的核心技术20多项，承担国家科技计划5项。基于尚德电力强大的技术力量和在技术研发上不断进取的后续实力，绿色建筑的典范之作尚德生态大楼应运而生，并完美地将生态设计、光伏一体化、地源热泵、墙体保温、空调系统、楼宇自动化控制、智能照明等七大体系集于一身。

体系一：生态设计理念

作为尚德电力的主要办公地点，尚德生态大楼在设计上既创造大胆的视觉体验又充分考虑实际的功能需求。西侧主楼是可容纳300人的办公场所，设有财务、销售、投资、市场、内部控制和人力部门；东翼部分则设有食堂和娱乐中心，包括篮球场地、攀岩墙、乒乓球台和休闲室。

1.结构设计。在既有厂房前面延伸一块能同时传达公司理念和示范先进技术的建筑区块是尚德生态大楼诞生的初衷。整栋大楼分为两个部分，西翼作为尚德的总部，供日常办公使用；东翼为活动中心，为员工康乐休闲而设。两个部分紧密连接又相互独立。尚德生态大楼依附在既有厂房的南立面，东、西、南三面墙体和屋顶均采用透明围护结构，室内以花草、竹林、流水等人造景观装饰，营造空间的生态美感。大楼在空间设计上采用不设分层的方案，以最纯粹的方式保留空间的整体性。大楼东西两翼形如两个巨型玻璃盒，内部根据使用需求灵活添加功能区块。每一分区、每一楼层都基于具体需求单独设计，结构、外观乃至照明因素都被单独考虑，整栋大楼对个体需求的满足细致入微。

2.内部设计。大楼内部构造打破传统方案，对建筑空间利用的大胆想象贯穿始终，呈现出强大的视觉冲击。建筑楼层一至五层由脚柱支撑，六、七层则从顶部悬吊，区域楼层的不规则叠加，使办公室颇具流动特质。区域内部采用暗合晶体硅色谱的色彩方案，色彩逐层变换，配合7个风格迥异的空中花园。活动中心内，攀岩壁顶天立地；一侧的篮球馆、羽毛球馆、吊床区、休闲区则依内部单独阶梯形建筑体逐层展开。巧妙的设计和先进的技术实现了活动中心的休闲娱乐功能。

设计原点——硅。目前主流太阳能电池的基本材料是晶体硅，建筑设计中选取硅的色谱作为设计元素，在办公区域的不同楼层使用不同主题颜色，营造不同功能的办公需求。生态美学大楼设计融合了人性化与科技化，从而实现了独特的建筑形象理念。采用生态美学表现建筑本身的有机形态，使空间的自由性、有机性得以延续和再生。尚德生态大楼办公区每层设计独特的小花园是这一理念的坚实实践，在各个楼层引入宜人的生态环境，更有移步换景的无穷妙处。

一层花园采用砂岩地面，是以天然砂石为主要设计元素的景观小品，配以石头、竹子和水井，呈现朴实天然的美感。二层花园以竹子为主，体现中国味道的禅意空间。三层景观丰富。既有四边饰以蓝色陶瓷锦砖的西式花园水池；又有溪水淙淙的中式假山石景观，东西两种风味混搭出了独特的超现实韵味。四层野趣横生。沉稳笨拙的泥土与石块繁衍出茂盛活泼的野花、绿植，亦庄亦谐又相得益彰。五层颜色趋于淡雅。黄色的花园,黄色的花朵,点缀沙石、绿植,色调温暖宜人。六层独具创意。罕见的橡胶花园搭配红黄色粒状软性橡胶拼花地板,因独特而引人入胜。七层沉稳高贵。入眼皆是红色岩石、红色火山石和砂粒,宛如登入新天,别具意境。

3.节能生态环保的理念。大面积玻璃墙面使大楼与外界自然环境得以完美结合,实现整体性与可变性的统一。大楼整体融合在建筑的有机造型及室内构件体块中。室内的家具、陈设、灯具、景观小品等均贯彻"有机动感"这一源泉理念,使建筑富有极强的整体感;同时在底层设置可移动色彩模块,使得建筑灵活可变,符合多样化的功能需求。

体系二:光伏一体化

单体面积最大的光伏幕墙背后是多项世界领先技术的支撑,首创的多个解决方案让尚德生态大楼站在了世界太阳能建筑的前沿。

1.面积全球最大。尚德生态大楼单体光伏幕墙面积达6 900m²。类比国际其他光伏建筑,单体光伏幕墙面积最大的约6 000m²,组合光伏幕墙面积最大的约8 000m²,尚德生态大楼成为目前全球单体光伏幕墙面积最大的建筑。

2.BIPV系统安装及维护的挑战。太阳能建筑赖以生存的BIPV产品,是太阳能应用具有突破性的高科技含量技术创新产物。尚德电力掌握了生产此类产品的全套技术,不仅可为建筑和玻璃公司提供标准尺寸的BIPV产品,也可以按照设计师的要求,设计定做独特效果或特殊模块尺寸、规格的产品,并能帮助建筑师和业主进行系统设计与安装。

(1)专利电线保护设计。为使大楼内部整洁美观并确保立面外观完美,所有接缝都被隐藏于框架内。电线的排布也遵从这个原则,在大楼整体框架结构内被予以整合,并且为了确保施工中的安全,特别设计了专用电线保护盖(该项创新已经申请专利)。尽管这样地追求完美导致了立面维护的困难,但尚德也找到了解决办法,如接缝设计得易于使用,若有必要完全可以拆下模块;结构上使用膨胀结合点以解决热膨胀和收缩问题。

(2)创新走线方案,钢结构极限轻巧。为把光伏系统重量降到最低,使钢结构尽量轻巧,所有构件均力求尺寸最小化。太阳能建筑目前普遍面临的布线问题在尚德生态大楼项目上被妥善解决,走线方案属独创,由最多40根电源线穿过铝型材,导入地下。整个线路不留任何痕迹,不仅最大程度实现结构轻巧,且同时完成功能和美观的高度统一。安装在幕墙构架上的光伏组件的电源线,根据电气设计图按照各自组串有续连接后,进入幕墙框架;并顺框架向下汇集达到汇流箱,在安装有防雷模块的汇流箱里连接后,转换成减低线损的大直径直流线缆后,排向地下室,再同包括逆变器等设备连接构成全套光伏发电系统。

(3)精选材料解决热位移。尚德生态大楼的热位移巨大,且必须由系统结构吸收。因模块热量高于传统立面,产生了较大的热膨胀,这些因素导致了计算的复杂性大大提高。而为了吸收巨大的热位移,也要求对材料的严格甄选。

(4)两用吊钩清洁立面。尚德生态大楼在设计最初即将南立面光伏幕墙的清洗方式考虑在内,即在大楼屋顶安装具有双重用途的吊钩,既作为悬挂点又同时具备避雷针的功能。

中国的建筑法规十分严格,BIPV产品作为多功能建材,必须在满足发电模块的性能和质量要求的同时符合所有建筑物的相关规定。就尚德生态大楼而言,它符合防水标准、安全标准、电线标准、结构完整等各项标准。

(5)整个光伏系统量身定制。为取得更好的保温性能,双层中空的外墙玻璃均采取氩气填充的方式,同时采用经过特别处理的密封胶以保证氩气中空玻璃单元的密封性。框架在设计、安装中,通过生产、运输、安装过程中采取严密的保护措施,保证所有电源线保护层不会被割伤,从而确保每一根电线的安全、绝缘与导通,实现对整个外围护功能的同时构成独特的光伏发电系统。整个光伏玻璃外墙系统从玻璃单元、钢结构到系统线路疏导的方案均为尚德生态大楼量身定做,保证各项技术最大化服务尚德生态大楼，同时也让大楼在探索各项技术在太阳能建筑上的系统整合方面走在前列。

大楼使用2种模块厚度均为51.8mm；办公大楼使用的模块为：由72块(156mm×156mm)多晶薄膜电池覆盖的光电板(2 000mm×1 119mm)，单块输出功率为270W。休闲中心使用的模块是：78块多晶电池片(156mm×156mm)覆盖的光电板(2 200mm×1 119mm)，单块输出功率为290W。在光电板(2 200mm×1 119mm上有78块多晶电池片（156mm×156mm)，输出290W玻璃单元采用5层玻璃、2层氩气和夹有电池的2层PVB材料迭片结构，重157kg/片，不包括铝框，铝框的质量大于160kg。BIPV模块的统一性能是最基本的，特别是考虑到高能量输出(每列有18个模块)。

(6)幕墙系统设计。大楼的四面都装有玻璃，即，南、西、东和屋顶。这一设计便于利用自然光，减少耗电量。玻璃幕墙和屋顶设计独特。为了保证强度、结构完整和保温性能，大楼使用了加厚玻璃嵌板。屋顶上采用5层51.8mm厚的玻璃。在大楼的东面和西面使用了3层37mm厚的玻璃嵌板。南面使用尚德光透太阳能模块。

(7)玻璃单元复杂度高。大楼南面的光伏玻璃单元可实现发电、密封、防水、保温的多项功能，使用超过2 500块的防水电池板，此种复合PV组件属该领域首创。对幕墙玻璃的多功能要求导致PV片厚度增加，从而带来了系列挑战：夏季高温加大结构热变形，对密封性能构成潜在威胁；由于墙体倾斜超过70°，易造成积水和渗漏，根据国家标准须按屋面防水处理，因此对防水性能的要求大大增加；为减少大面积玻璃表面对建筑外的反射影响，采用表面经特别处理的LOW-E玻璃，玻璃共5层，其中2个夹层填充氩气，另外2个夹层采用PVB材料电池迭片夹胶，不含铝框的质量为157kg/片。高科技材料的使用确保最终完成的墙体完全实现设计预期，在体系和发电功能上都达到前所未有的高度。

(8)玻璃面积达到极限。在整个外幕墙系统中，西面幕墙工艺达到极致，全部采用钢化玻璃，处理工艺先进，表面钢化变形极小，实现大面积玻璃表面平坦的这一难度极大的要求。尚德生态大楼南面使用光伏玻璃总数2 874片，其中2 574片标准玻璃、300片异型玻璃，异型玻璃工艺难度系数更大，镶嵌结构复杂。整个建筑在满足建筑承载要求的前提下，实现了最大化提高发电效能，不仅单面玻璃的面积达到极限，施工质量同样十分出色。

(9)装机量全球领先。光伏幕墙系统装机容量达到710kW，类比全球其他太阳能建筑，是同等体量建筑的6~8倍。尚德生态大楼是目前全球BIPV系统装机量第二大建筑，排名第一的建筑在法国阿尔萨斯，该建筑安装有4.5MW的太阳能系统，由Hanau能源开发。该太阳能系统在屋顶区域采用了尚德电力的Just RoofTM组件，这是业内目前最成熟的产品之一。

(10)发电量高。尚德生态大楼落成后，其光伏系统日发电量最高可达到2 380kW·h，平均日发电量亦超过系统的设计水平。依据开机状况，大楼年发电量72万kW·h的目标可达到，加上计划实施中的300kW屋顶系统，完成后可满足整个大楼80%的用电量。2009年1月，尚德生态大楼幕墙并网发电成功，由此，该光伏系统不仅能够供给自身用电需求，还可向电网输电，缓解高峰用电压力。

(11)并网发电。太阳能系统在阳光充足的条件下每天能输出2 000kW·h电量，以一年的平均值计算，每月输出电量约为60 000kW·h。尚德大楼的BIPV立面连接着电网，目前，尚德电力正处于申请江苏政府最近公布的强制光伏上网电价的最终阶段。届时，所有的电量都将以较高强制光伏上网电价卖给国家电网，BIPV大楼立面将可彻底实现并网发电。

体系三：地源热泵系统

地源热泵是一种能够同时解决制冷、采暖、生活热水三位一体的新型空调系统。它利用浅层地表一年四季温度相对稳定的特性，通过热泵机组完成土壤与建筑物内部热交换。冬季，热泵机组把土壤中的热量取出供给室内，此时土壤可称为热泵机组的“热源”；夏季将室内热量取出并释放至土壤中，此时土壤作为热泵机组的“冷源”。

尚德生态大楼由一台制冷量为969.3kW的地源

热泵机组来供冷供热(东侧的办公楼和西侧的康乐中心不同时使用)，热泵机组的制冷和制热最大功率分别为 200.5kW 和 197.3kW。根据项目实际使用情况，对系统所需的排热量进行地埋管量设计。总井数为 180 口，井深 120m，地埋管管径为 *DN*32，埋管总长度为 4.32 万 m。如果采用传统的冷水机组结合城市热网对系统供冷供热，在夏季使用时，仅风扇电机(功率 11kW)的耗电量即达 10 000kW·h，而采用地源热泵系统后相比传统的冷水机组至少节约 8%的耗电量；在冬季使用时，地源热泵系统相比集中供热系统可节省将近 50%的耗电量。采用地源热泵系统后全年耗电量相比冷水机组加城市热网系统至少可节省 30%。

体系四：墙体保温

尚德生态大楼三个主要墙面和屋顶均采用玻璃幕墙系统，视野通透，这一设计在实现美观通透的同时大大增加了保温难度。尚德生态大楼外墙保温系统以实现后现代主义的先进性与高技术理念相结合为目的，完美解决了在整栋大楼东、西、南墙面及屋顶均采用全通透玻璃幕墙结构的情况下，实现超低能耗的巨大难题。设计过程中为使大楼在节能环保方面达到世界领先水平，设计要求整个外墙体系 *U* 值低于 1.0W/(m²·K)。但由于南面的光伏幕墙压暗了部分采光，设计同时要求外墙玻璃的可见光透射比不低于 65%，用以满足室内空间的光照效果。上述相互矛盾的两个要求最终在尚德生态大楼中实现了和谐统一。根据 2005 年公布的公共建筑节能标准和国外同类标准，尚德生态大楼的技术指标已经高于各项标准要求，达到国际领先水准。

体系五：高效的空调系统

步入尚德生态大楼最明显的感受是清新的空气和宜人的温度与湿度，作为绿色生态大楼的典范，需要具备自然通风、“自由呼吸”、舒适节能等功能。而实现以上诸多功能的两大功臣正是新风系统和毛细顶棚系统。

1.新风系统：让大厦会呼吸，让人们不用开窗也能充分享受来自大自然的清新空气。其中，空气回收系统可回收全热，满足室内空气质量、湿度控制及节能要求。与空调系统配套，只需消耗较少的能量，就能获得更多的室外新鲜空气，同时减少空调、锅炉及排气负荷。夏季时，由于采用了高效率的转轮热回收装置，充分利用回风的低温进行回收，从而大大降低了新风进入新风机组表冷器前的温度。在经过转轮热交换的处理后，大楼研发楼新风温度约为 28℃，湿度约为 61%；活动中心新风温度约为 28℃，湿度约为 62%，研发楼及活动中心的新风负荷共节省约 780kW 的冷量。冬季时，在经过热交换转轮(显热回收效率为 78%，潜热回收效率为70%)的处理后，研发楼及活动中心新风温度约为13.1℃，两部分总共可降低超过 350kW 的新风负荷。采用新风系统后不仅大大提高了大楼内的空气质量，每年更能为大楼节省 20 多万度电。

2.毛细顶棚：尚德生态大楼利用毛细原理，通过冷热水的循环来调节室内温度，只须耗费很少的能源。空调系统的风口位于楼层吊顶内，设计师将灯具、风口和吊顶的集成设计统一，使灯具和风口成为自然装饰元素，同时保证了顶部的完整。整个建筑采用特制宽板吊顶系统，安装面积达 1.2 万 m²。白色的吊顶板面布满直径为 28mm 的圆孔，空间透视效果让整个空间显得更为通透。51.9%的穿孔率保证了冷热空气的对流，使空调效力能够及时传导至整个空间。通风系统的另一大特点是幕墙系统和通风系统的结合互动。在靠近南立面玻璃下方设有一排风道，旁边设有自动开启排烟窗，由自动控制系统 24h 自动控制开合与风道循环。把风道设计在边缘，是由于夏天发电板的温度高，辐射通过发电板缝隙进入建筑，对散热要求加大，由此达到设定的温差时，风速为每秒 7~9m，通风流畅，可带走薄膜板散发的热量。循环过程自成独立方案、体系，既实现热交换和带走热量，同时着重保证办公室的空气新鲜和温度适宜。整个大楼的通风和温控体系被有效地联系到一起，再结合中央空调的使用从而实现空气循环效果的最佳化。

体系六：楼宇自动化控制

尚德生态大楼的智能化主要体现在楼宇自动化控制系统的应用，最大的特色是把各个独立系统包括空调控制系统，新风系统，智能照明系统，BIPV 发电设备的数字显示、自动窗等系统信息集成于同一个软件平台，进而组成综合能源管理中心。中心通过图形化操作界面，对大楼进行日常管理和维护，并可向研发部门提供大量可靠数据。尚德生态大楼作为前瞻性太阳能建筑，本身具备非常好的研发条件和功能，通过现代化的信息技术将大楼的各个部分有机地联系在一起，通过对温度、湿度、照度、风速、人体移动、烟雾等传感器和视频信号的采集和判断，自动控制中心对各种变化的环境因素进行实时监控，对各系统进行控制、联动和整合。为贯彻设计师独特的设计理念和风格，采用多种施工技术，整合大楼内各子系统，让彼此间既互相独立，又可依需要，在自动控制下实现联动，满足不同办公要求，量身定制舒适地办公环境，全面实现整个大楼节能、绿色、环保的理念。

体系七：先进的智能照明系统

尚德生态大楼采用了 Luxmate Professional Series 这一先进的智能照明系统，能够实现楼宇的完全智能化照明控制，有效改善员工的工作环境，提高舒适度。最重要的是，它完全符合尚德生态大楼所倡导的环保、生态、节能等理念。这一系统将按预先设定的若干基本状态进行工作，这些状态会按预先设定的工作时间表相互自动地切换。例如，午休时间，系统会自动调暗各区域的灯光，当然，如果此时仍然有员工在工作，只须按一下墙上的控制按钮，即可以得到充足的照明。

1.自动探测系统，有效节约能源。调查显示，在照明系统中，花费最多的环节是无人房间或区域的持续光照。由于员工的疏忽，这种浪费情况在使用传统照明系统时普遍存在。采用加载自动探测系统的智能照明体系后，这种能源的浪费被完全杜绝。例如，当一个工作日结束后，系统将自动进入晚上的工作状态，自动并极其缓慢地调暗各区域的灯光，同时系统的探测功能也将自动生效，将无人区域的灯自动关闭，并将有人区域的灯光调至最合适的亮度。此外，还可以通过编程器随意改变各区域的光照度，以适应各种场合的不同场景要求。

2.平衡照明/手动调光系统，动态控制的照明解决方案。一天的进程是根据时刻变化的光色和光强度来定义的，而这样的变化强烈影响着人们对舒适的感觉。平衡照明/手动调光系统适时地为照明设计师们提供了一种极好的工具来调整日光，以保证人们走进房间时感觉到舒适愉快。根据一天中的时间或事件动态地调整灯光，不断地将照明水平调至理想状态，无论是案头读写、电脑使用或集中高精密及敏感材料工作，都能得到保证。

为地球未来充电

而今，施正荣董事长提出把太阳能事业当作慈善事业来经营的理念，在这一全人类发展的重大进程中，像尚德电力这样的企业掌握了关键的技术和产品，是把阳光转化成清洁能源的纽带。在这样的重大机遇中，使经济效益让位环境保护的慈善理念，是一个彰显领军企业的胸襟、气魄的大气抉择，充分体现尚德电力深重的责任感和使命感，也是尚德在创造绿色未来的道路上坚持到底的重要保障。

在未来五年中，40 亿美元的巨额投资将被用于打造全球产业链光伏产业基地，届时年销售额将突破 1 000 亿美元，产能达到 5 000MW 光伏，尚德将成为全球新能源领军企业，并在技术上不断创新，启动薄膜太阳能电池技术的深度研发，改进封装技术以延长组件寿命，提升组件电力输出，稳定产品功率输出，转换效率目标直达 20%。

这不仅是尚德企业发展的明天规划，同时预示整个光伏产业在未来五年的高速发展，尚德实现 5 000MW 产能的同时，意味着太阳能建筑将走进寻常百姓家。到 2012 年，每瓦的目标价格将降至 1.2 美元，尚德将合资组建建筑部件生产企业，一体化输出太阳能光伏建筑，在成本减低的同时更有效控制各环节质量，真正以优雅经济的特性让太阳能成为普通大众可以承受的选择。在尚德生态大楼实现理想的生态环境。

美国最大400家工程承包公司发展评述

李志鹏

(商务部研究院跨国经营研究部，北京 100710)

尽管受到金融危机冲击，但整体来看，美国工程承包400强在2008年中仍表现不俗。2009年5月18日的美国《工程新闻记录》(ENR)公布的美国最大400家工程公司的经营业绩表明：400强在2008年营业收入共计3 383.8亿美元，比2007年的3 043.6亿美元增加11.2%，其中，2813.6亿美元来自美国本土市场，比2007年上涨9.5%；国际项目570.2亿美元，比上一年增加20.1%。在400强被调查的375家企业中，有245家营业额实现了增长，有128家营业额出现了下跌，有2家基本保持不变。对于大多数承包商来说，2008年和2009年的日子都还算过得不错。当然，市场所出现的一些变化也值得我们关注。

一、行业分布：市场涨跌不一，房建领跌、石油能源等领涨

过去十年中，普通房建市场在多数年份表现出火爆情形，房建市场占400强全部营业份额已由10年前的四成五上升到2007年的五成三，成为工程承包市场最大的市场，但2008年的金融危机结束了房建市场份额扩张的态势。尽管美联储连续下调利率并对市场注资，但次贷危机在2008年一直朝恶化方向发展，引发了美国金融系统的激烈震荡和房地产市场暴跌，同时也影响到普通房建承包市场。2008年房建市场的营业额为1 699.9亿美元，尽管比2007年的1 616.2亿美元增加5.2%，但与2008年整体工程承包市场发展相比，却呈现萎缩势态，占400家公司营业额也由2007年的53.1%下降到2008年50.2%。

另外，美国的制造业、供水、废物处理工程承包份额市场也出现萎缩。受制造业长期向境外转移和此次金融危机影响，美国制造业发展受阻。加之由于多数美国制造业难以形成像美国汽车业那样对美国经济的支柱地位，因此，较难获得美国政府注资。金融危机深化以来，美国制造业相关行业受损严重。2008年至今，美国制造业的就业岗位减少数量为每月平均41 000个，几乎是2007年减少数目的一倍。2008年制造业工程承包商的营业额也仅为58.4亿美元，这一数字甚至比10年前更少，占比由2007年的2.1%下降到2008年的1.7%。另外，从事供水和危险废物处理相关行业的市场份额也在下降(见表1)。

美国最大400家承包公司营业额的行业分布　　表1

工程部门	营业额(亿美元)	2008年占比(%)	2007年占比(%)
房建	1699.9	50.2	53.1
制造业	58.4	1.7	2.1
工业/石化	670.9	19.8	18.2
供水	45.4	1.3	1.5
污水处理	66.0	2.0	1.8
交通	383.3	11.3	11.2
危险废物处理	45.6	1.3	1.7
电力	259.1	7.7	6.3
通信	41.9	1.2	1.2
其他	113.3	3.3	2.9
总计	3383.8	100	100

资料来源：《工程新闻记录》，2009年5月18日

相比之下,400强中从事工业/石化、电力、通信、污水处理等行业工程承包企业在2008年营业额占比得到了提升。这和以上行业的整体发展背景有很大关系。由于市场上污水处理情况与美国国家环境保护局的标准差距较大,因此,污水处理市场一直都存在巨大机会。另外,美国的电力和石化新增投资增长迅速也给承包企业带来商机。根据美国国民收入和生产账户(NIPA)数据,美国电力行业2008年新增投资504亿美元,同比增长50%;石油天然气行业2008年新增投资1 600亿美元,同比增长17.7%。

二、国际市场:中东市场份额最大,石化市场仍然处于主导地位

前几年油价大幅上涨给中东国家带来了丰厚的收益,促进了该地区的经济快速增长,同时,多数中东国家为争取摆脱单一石油经济,纷纷调整发展思路,积极进行经济改革和结构调整,以求实现经济多元化发展:中东的石油输出国纷纷把巨额的石油收入投资于基础设施、基础工业建设、地产开发和社会事业的发展。这些给美国的工程承包企业带来了巨大的机遇。2008年,美国工程承包400强企业在中东完成营业额160亿美元,占其全部海外市场份额的28.1%。

近年来,国民投资占加拿大的GDP市场的比重也逐年增大,由2004年的20.72%上升到2008年的23%以上,房屋固定资产形成总额占GDP的总额由2000年的5%逐年稳步增长到2008年的7%以上,这些都造就了加拿大市场成为美国工程400强中成长最快的市场。2007年完成营业额为88.6亿美元,2008年迅速增长为142.4亿美元,同比增长60.7%。

另外,400强在北非、欧洲、亚洲和大洋洲的业务都不同程度得到了增长,仅在拉美地区业务有所下滑(见表2)。

同时,前几年资源能源价格的不断攀升也带动了全球相关工程承包行业的快速发展。美国工程承包400强在境外市场承揽的石化工程承包占到其近半壁江山;另外,加工业、交通、房建等几大行业都是400强企业境外市场的重点分布行业(见表3~表8)。

三、市场特征:竞争更加激烈,各方积极应对

尽管统计结果显示2008年的美国工程承包400强完成营业额仍呈增长态势,但2008年不断发酵恶化的金融危机冲击还是阻碍其未来发展步伐。从400强2008年新签合同额来看,本土新签合同额下降了14.8%。海外市场新签合同额更是下降了26.9%,2009年这种衰退态势还在继续。据大多数承包商估计,至少2010年这种趋势仍将继续下去。

处于对市场的忧虑,美国工程承包商已开始调整自己的战略:战略布局方面,随着私人投资项目市场的逐渐萧条,很多以前专注于私人投资项目的企业把目光也转向了公共投资项目;一些承包商已把更多的注意力集中在了德克萨斯州、俄克拉何马州和新墨西哥州这些遭受冲击较小的地方。业务竞争方面,市场的萧条使得这些承包商发展压力增大,过

美国最大400家承包公司境外市场营业额分布　表2

国际市场	2007年营业额(亿美元)	2008年营业额(亿美元)	2008年占比(%)
加拿大	88.58	142.35	25.0
拉美/加勒比	42.60	36.79	6.4
欧洲	98.48	102.98	18.1
中东	142.90	160.01	28.1
亚洲/澳大利亚	82.03	97.38	17.1
非洲	19.76	30.70	5.4

资料来源:《工程新闻记录》,2009年5月18日

美国最大400家承包公司境外市场行业分布　表3

工程部门	2008年占比(%)	2007年占比(%)
石化	46.3	45.2
加工业	12.9	12.7
交通	12.4	10.2
房建	8.7	9.7
电力	5.7	4.9
污水处理	1	1.5
制造业	0.6	1.5
供水	0.5	1.4
危险废物处理	0.2	0.7
通信	0.1	0.5

资料来源:《工程新闻记录》,2009年5月18日

2008年美国最大20家废水处理工程承包企业名单 表4

排名	名称
1	伯克德集团公司
2	福陆公司
3	雅可伯工程集团公司
4	绍尔集团公司
5	塞文森环境服务公司
6	英泰克有限责任公司
7	西图有限责任公司
8	威斯顿解决方案公司
9	URS公司
10	康地集团
11	J.弗莱彻拉克里梅尔父子有限公司
12	PCL实业公司
13	迈克德莫特国际公司
14	波西利科公司
15	康尼斯加-卢渥斯&阿萨克公司
16	帕森斯公司
17	特纳公司
18	开普有限公司
19	J.F布里南有限责任公司
20	CDM公司

资料来源:《工程新闻记录》,2009年5月18日

2008年美国最大20家加工/石化工程承包企业名单 表5

排名	名称
1	福陆公司
2	伯克德集团公司
3	芝加哥桥梁和钢铁公司
4	雅可伯工程集团公司
5	福斯特惠勒公司
6	凯洛格布朗路特公司
7	迈克德莫特国际公司
8	凯维特公司
9	特纳公司
10	威尔布鲁斯集团公司
11	FAGEN有限公司
12	乍克立集团
13	URS公司
14	PCL实业公司
15	希恩管线施工有限公司
16	阿科集团
17	绍尔集团公司
18	矩阵服务有限公司
19	米歇尔斯股份有限公司
20	帕森斯公司

资料来源:《工程新闻记录》,2009年5月18日

去只能吸引3~5个投标者的项目现在通常能够吸引到10~12家企业投标；一些规模较大的承包企业也开始争取一些他们以前较少考虑的分包项目。

当然,积极应对金融危机的不仅是企业自己,还有美国政府。2009年2月17日由美国总统奥巴马签署生效，通过了《2009年美国复兴和再投资法案》(ARRA)，其中的资助政策也给承包商们带来了希望。比如,对于高速公路基础设施,提供300亿美元资助;对于研究和开发建设电力节能网,提供资金支持110亿美元;对于改造社区废水处理系统、饮用水基础设施建设、改善乡村饮用水和废水处理等资金共计95亿美元的资金支持等等。

刺激方案可能有一些作用，但很多承包商不认为这种效果会立竿见影，预计真正要见效可能要6个月到1年的时间。但也有一些承包商认为刺激方案对承包工程产业没有太多积极影响，还有部分承包商认为刺激方案似乎更多关注基础设施领域和一些100万美元左右的项目，而不是用更大的项目来吸引大型承包商。

2008年美国最大20家能源工程承包企业名单 表6

排名	名称
1	伯克德集团公司
2	凯维特公司
3	福陆公司
4	迈克德莫特国际公司
5	福斯特惠勒公司
6	URS公司
7	ZACHRY集团
8	绍尔集团公司
9	布莱克维奇
10	Day&齐默尔曼公司
11	莫滕森建筑
12	BARTON MALOW公司
13	O&G工业有限公司
14	约瑟夫金格利父子有限公司
15	凯洛格布朗路特公司
16	阿科集团
17	伯恩&麦克唐纳
18	RMT有限公司
19	ALBERICI股份有限公司
20	万策克建筑有限公司

资料来源:《工程新闻记录》,2009年5月18日

2008年美国最大20家通信工程承包企业名单 表7

排名	名称
1	HOLDER建筑公司
2	特纳公司
3	托尼构造公司
4	DPR建筑公司
5	斯坎斯卡有限公司
6	伯克德集团公司
7	whiting-turner承包公司
8	吉尔巴尼建筑公司
9	莫滕森建筑
10	ROEBBELEN公司
11	瑞恩有限公司
12	米歇尔公司
13	SH集团
14	KEY建筑公司
15	J.弗莱彻拉克里梅尔父子有限公司
16	纳布赫斯建设总公司
17	康地通信有限公司
18	特拉科技有限公司
19	福陆公司
20	克兰布勒有限公司

资料来源:《工程新闻记录》,2009年5月18日

2008年美国最大20家交通工程承包企业名单 表8

排名	名称
1	伯克德集团公司
2	凯维特公司
3	GRANITE建筑有限公司
4	沃尔什集团有限公司
5	FLATIRON建筑公司
6	斯坎斯卡有限公司
7	莱恩建设公司
8	雅可伯工程集团公司
9	克拉克集团公司
10	PCL实业公司
11	威廉姆兄弟建设公司
12	奥斯汀工业公司
13	美国桥梁公司
14	特纳公司
15	鲍尔弗BEUATY基建公司
16	道路建设公司
17	北美五大湖疏浚和码头有限责任公司
18	埃姆斯建筑有限公司
19	哈巴德集团
20	麦卡锡控股公司

资料来源:《工程新闻记录》,2009年5月18日

当前建筑业应重视的几个问题

在日前召开的全国建筑业先进企业经验交流暨表彰大会上，徐义屏在讲话中指出:在目前国内外经济形势复杂多变,市场竞争压力不断加大情形下,建筑企业面临着比以往更多的不确定因素和更大的风险。因此,建筑企业一要树立创新意识,进一步提高企业自主创新能力。企业家要始终保持清醒头脑,保持如临深渊、如履薄冰的态度,把自主创新纳入企业发展战略,加强与科研院所的合作,打造具有自主知识产权和广阔市场前景的核心技术。要及时、敏锐地把握市场环境的变化,抓住发展机遇,推动企业走上可持续发展之路;二要增强诚信意识,进一步推进和加强诚信建设。诚信是企业生存之根本。市场秩序的好坏,关乎全行业的整体利益,企业面对激烈竞争的市场环境,要坚持诚信经营方针,全力打造企业“品牌”，赢得良好的市场声誉；三要履行社会责任,为构建和谐社会贡献力量。社会责任必须渗透于企业日常经营的每一个细节之中。对建筑业企业来说,每一个小的质量隐患都可能造成日后民生的安全灾难,造成不可估量的重大损失。企业家要高度重视自身的社会责任,更加注重工程质量安全，切实负担起节能减排、保护环境、维护职工权益、热心公益事业等社会责任,努力实现创造利润与履行社会责任的双赢。

(徐　放)

政府开发援助
——日本开展国际工程承包的主要方式

西村友作

(对外经济贸易大学国际经贸学院，北京 100024)

一、引言

受国际金融危机影响，加之近年来因日本国家公共工程预算缩减、民间设备投资减少等因素，日本国内工程市场呈逐渐萎缩之势。就日本建筑公司而言，积极开拓海外市场、探索全球性经营模式是未来的生存与发展之路。一直以来，日本的政府开发援助(Official Development Assistance，以下略记为ODA)成为日本企业进入国际工程承包市场的主要途径之一(图1)。

二、日本国际工程承揽情况

日本50家大型建筑公司①国际工程承揽情况，如图2所示。自20世纪80年代后期以来，日本在海外承揽的工程项目总额呈现出逐渐增加趋势，直至1996年，13 232.42亿日元的记录刷新了历史最高水平。此后的1997年，因受东南亚金融危机的影响，日本的海外市场进入了大幅调整阶段。日本大型建筑公司承揽总额下跌至5 429.73亿日元，两年跌幅高达58.97%。进入21世纪之后，随着海外工程承包市场的迅速发展，日本企业所承揽的工程也开始增长。2006年再次突破1万亿日元，但因受百年未遇的金融海啸的冲击使海外工程市场迅速缩减，加上日元升值的因素，使得日本建筑公司招投标成本竞争力明显下降，日本大型建筑公司的承包总额从2006年的10 807.8亿日元大幅度下跌到2008年的7 382.58亿日元。

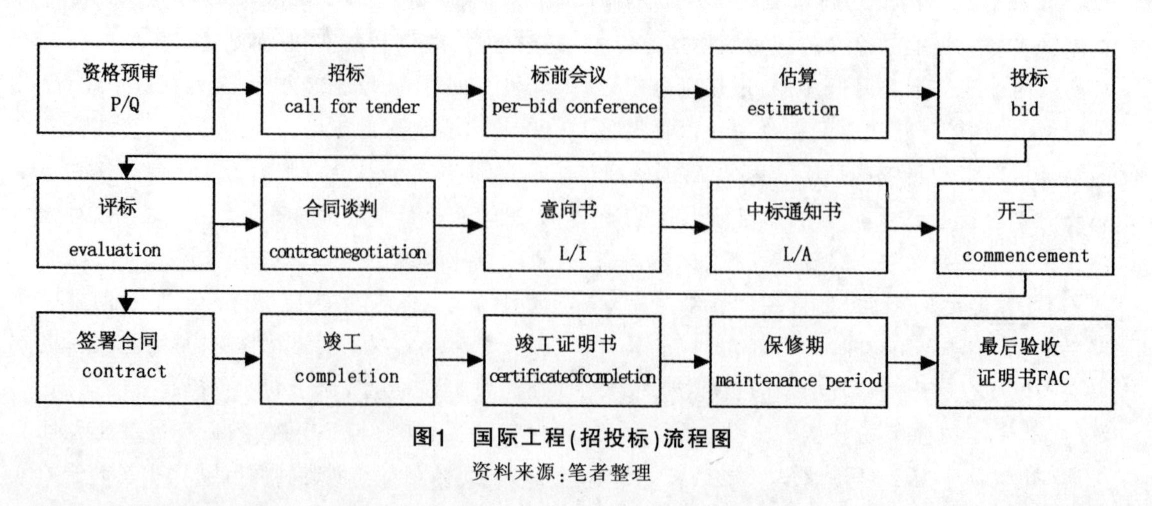

图1 国际工程(招投标)流程图

资料来源：笔者整理

①日本的国际工程基本上被大型综合性建筑公司垄断。

从日本建筑行业国际工程承揽的具体内容来看,ODA项目与日本在外企业发包的项目就是日本企业的主要对象。除了美国、新加坡、中国香港、中国台湾等地区之外,ODA项目与日本在外企业发包的项目占据项目总数的80%左右①。由此可见,ODA在日本企业进入国际工程承包市场中扮演着极为重要的角色。

三、日本政府开发援助与国际协力机构

ODA是指发达工业国家对某些发展中国家提供的经济援助,以促进对象国的经济与社会的发展、提高人民生活的福利水平。两国间的ODA包括无偿援助、有偿援助(日元贷款)以及技术合作②等形式。2007年,日本ODA总额(实际支出纯额)高达76.79亿美元,其中两国间ODA为57.78亿美元,占据ODA总额的75.2%③。至于ODA的具体运行,日本国际协力机构(Japan International Cooperation Agency,以下略记为JICA)承担着重要的项目操作实践部分。2008年10月1日,曾经主要负责技术合作与部分无偿援助业务的JICA与主要负责有偿援助的国际协力银行④(Japan Bank for International Cooperation,JBIC)合并,并一直以来由日本外务省实施的大部分无偿援助业务也转移到JICA,诞生了集无偿援助、有偿援助以及技术合作为一体的新JICA。JICA成为了真正意义上的日本ODA实施机构。

以无偿资金合作为例,下面介绍日本企业国际工程承包在ODA项目框架下的具体实施步骤(图3)。

顾问公司(consultant)的选定:

日本与被援助国两国政府间签署换文(Ex-

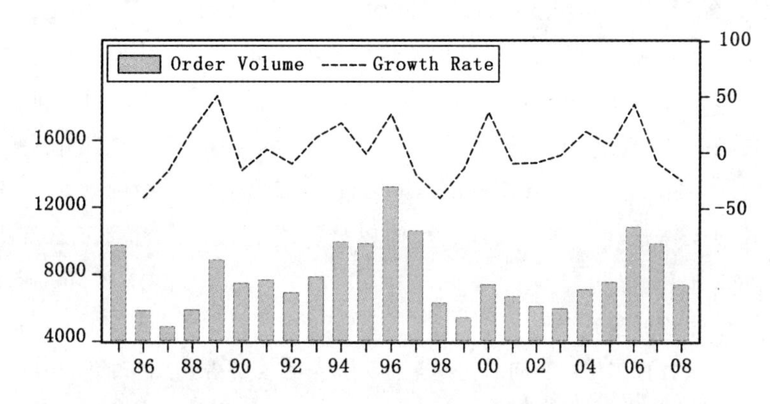

图2 日本50家大型建筑公司的国际工程承揽总额时序图

资料来源:日本国土交通省《统计信息》笔者整理

注:棒状图表示承揽总额(左边刻度,亿日元);折线图表示年增长率(右边刻度,%)

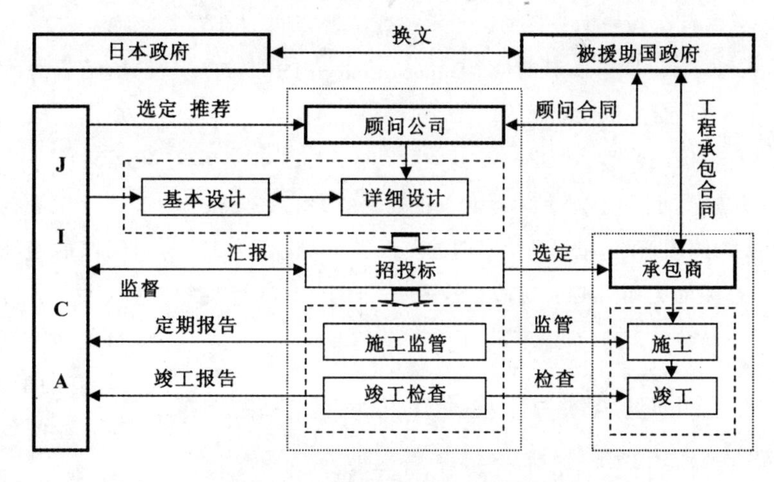

图3 日本ODA国际工程项目流程图

资料来源:笔者整理

①『我が国建設業の海外展開戦略研究会 報告書』,2006年3月。来源于日本国土交通省网站 www.mlit.go.jp/sogoseisaku/economy/strategy/report.pdf

②这是狭义的定义。广义ODA还包括多国间援助,即通过世界银行(IBRD)、亚洲开发银行(ADB)、联合国儿童基金会(UNICEF)等国际组织进行的援助。

③数据来源于『政府開発援助(ODA)白書 2008年版』,日本外務省。

④JBIC为日本政策金融公库(Japan Finance Corporation,JFC)的国际金融部门。

change of Notes, E/N) 之后, JICA 向被援助国政府推荐顾问公司, 得到被援助国政府的同意后, 最终确定该无偿资金合作项目的顾问公司, 并由该公司负责详细设计、招投标以及施工管理等一切业务。

基本设计(B/D)与详细设计(D/D):

JICA 针对援助项目的基本构想、基本设计、效果、经费、技术和经济可行性等方面实施全面的基本设计调查, 并提出被援助国负责工作的内容、注意事项等。根据基本设计调查报告, 并与被援助国协商后, 顾问公司制作包括技术规格表(Technical Specification, TS)、设计图在内的详细设计。顾问公司对基本设计与详细设计进行比较分析之后, 向 JICA 汇报。

招投标业务:

投招标工作由顾问公司操作, 而 JICA 主要负责监督工作。顾问公司实施资格预审(Prequalification, P/Q)、投标文件制作、招投标以及评标等一系列工作, 并随时向 JICA 汇报。通过招投标确定承包商之后, 顾问公司协助被援助国与承包商签署合同, 办理各种手续, 即付款授权书(Authorization to Pay, A/P)的发行、合同认证登记等。

施工监管与竣工:

顾问公司负责针对承包商的监督管理, 并向被援助国政府与 JICA 进行定期进展报告。承包商竣工后, 顾问公司务必实施竣工检查, 并向 JICA 进行竣工报告。

四、ODA项目下国际工程承包的课题

一直以来, ODA 成为促进日本建筑公司参与国际工程承包市场的重要手段之一。然而, 最近几年越来越多的日本民间企业竟然开始对 ODA 项目敬而远之。其主要原因表现在如下几个方面:

风险过度。如上所述, 虽然国际工程资金来源于日本政府的 ODA, 但合同是由日本民间企业(顾问公司与承包商)与被援助国政府直接签署的。有些项目出现因被援助国政府未履行分担工作而日本企业遭受损失的情况。例如, 被援助国政府在开工之前未完成开发地的土地收购工作, 因而耽搁开工和施工进度。由于缺乏为应对突发事件的预备资金, 民间企业只能无奈地承担因拖延施工工期而发生的损失①。此外, 有关施工方面的行政手续的改变、施工地附近的治安恶化等发展中国家特有的一些风险的存在, 也左右着民间企业的最终决策。

细化过度。虽然 ODA 的细化有助于援助渠道总数的增加, 有利于更多公司参与 ODA 国际工程项目, 然而只有达到一定规模的公司才有资格参与 ODA 项目, 而这种大规模的综合性公司是有限的, 因此会出现一家公司管理许多项目的情况。随着 ODA 的细化, 援助结构变得越来越复杂, 给公司所带来的经济、劳动力负担逐渐增大。

免税条款的不执行。一部分 ODA 项目的 E/N 明确规定, 从事援助工作的日本企业在被援助国家内所涉及的税收, 应该由被援助国政府采取免税措施或由该国相关部门来承担。然而, 其真实效率在不同国家存在很大差异, 有相当程度的不确定因素。

从国家角度看, ODA 的推广有助于推动发展中国家的经济发展和提高国民生活水平, 还能促进双边经济与政治关系。从企业层面看, 国际工程项目的发展不仅有利于确保公司新的利润增长点, 还有助于扩大公司在国际市场的影响力。而从民间企业的角度看, 通过民间企业承担风险的减轻、个别项目的大型化等方法, 想方设法提高民间企业参与 ODA 项目的积极性, 对于民间企业的成长壮大有着十分重要的作用。日本民间企业的"ODA 回归"可能是今后日本国际工程承包发展的关键所在。

①『企業悩ます「片務契約」と「ODA 制度の硬直性」』,『国際開発ジャーナル』, 2008 年 3 月号。

走出土地困境的思考

蔡金水

(北京市东城区政协，北京 100006)

土地问题始终是中国最大的问题，是我国现代化进程中一个全局性战略性重大问题，一直是人们关注的热点。中国历代王朝更替，几乎都是由于失去土地、吃不饱饭的农民起义造成的。中国共产党所领导的中国革命被称为土地革命，主要也是因为领导农民“打土豪，分田地”、“平均地权”，赢得了农民的支持，才取得的胜利。所以解放后头一件大事就是进行土改，让农民分得土地，以稳定政权。30 年后，1979 年以来的改革开放也仍然是从农村包产到户开始，让农民重新得到了土地支配权，从而解放了生产力，才出现了经济发展的新局面。30 年一轮回，如今又一个 30 年过去了，我们又重新面临着新的土地困局：随着国家工业化和城市化进度的加快，农村土地制度方面暴露的问题越来越多，城市化建设需要大量土地，与耕地保护、粮食危机、大量失地农民产生了尖锐矛盾，或者说建设与吃饭、生存与发展产生了尖锐矛盾。社科院研究员于建嵘说：农村土地纠纷正在成为影响当前社会稳定和发展、导致中国农村不稳的首要问题。而农村土地纠纷主要是地方政府为了城市建设和地方财政强行从农民手里低价征地，造成 2 亿多失地农民引发的。

中国如何才能走出土地困境，是当前对政府的一个严重考验，农村土地制度改革已经势在必行。2008 年 10 月召开的十七届三中全会通过了《中共中央关于推进农村改革发展若干重大问题的决定》，《决定》允许农民以多种形式流转土地承包经营权，确认集体建设用地、宅基地和农用地使用权流转的合法性，适度推进农村集体建设用地流转工作，逐步建立城乡统一的建设用地市场，同地同价。将把中国的农村土地制度改革推向一个新里程，也将对与土地关联密切的房地产业、建筑业、建筑设计业产生重大影响，被称为第三次土地革命。各地正在纷纷进行试点，探讨各种模式，但效果如何还有待观察和进一步研究，还有很多工作要做。

一、中国当前土地现状

土地资源极度紧缺，耕地不断减少，已到保证粮食安全的最低下限，而城市建设用地需求还在不断增加。

我国内陆土地面积约为 144 亿亩，居世界第三位，但人均占有土地面积仅为 11 亩，不到世界人均水平的三分之一。同时，我国土地资源相对贫乏，土地质量较差。我国国土中干旱、半干旱土地大约占一半，山地、丘陵和高原占 66%，平原仅占 34%。而且我国有限的耕地资源随着人口的不断增长，工矿、交通、城市建设用地的不断增加，人均耕地不断减少。2009 年 2 月 26 日，国土资源部公布，截至 2008 年 12 月 31 日，全国耕地面积为 18.2574 亿亩，又比上一年度减少 29 万亩。这已经是耕地面积第 12 年持续下降。与 1996 年的 19.51 亿亩相比，12 年间，中国的耕地面积净减少了 1.2526 亿亩，相当于减少了一个大省。目前我国人均耕地不足 1.4 亩，排名世界第 126 位，仅为世界人均耕地 40%，是印度人均耕地的一半。以不到世界 7%的耕地却要养活世界 1/5 的人口，远远超过了耕地的承载力极限，粮食安全问题越来越显得格外重要。而且我国大部分地区人均耕地面积实际上都只有几分地，远低于联合国规定的人均 0.8 亩耕地面积的下限，人均耕地面积稍多一点的地方又都是干旱缺水低产地区。全国还有 2 亿多陷入困境的失地农民，已经成为严重的社会问题。当前我国的失地农民，主要包括因企业征占土地而失地的农民、因国家建设征占土地而失地的农民、因农民之间的土地流转而失地的农民。企业征占土地主要是各省市、区县的工业园区对农民土地的征占；国家建设征占土地主要是大中型水库、铁路、高速路、机场等国家建设征占土地；而农民之间的土地流转又产生了新的失地农民，这些失地农民“种田无地、就业无岗、保障无份、创业无钱”是最最弱势的群体。失地农民补偿费偏低，从一些城市的情况看，土地补偿费和安置补助费按目前农村居民人均生活消费支出计算，只能维持7年左右的生活，几年后，失地农民又将怎样生活？这是国家征占土地面临的新问题。目前我国大规模的城市化进程和市政基础设施建设刚在起步阶段，未来几十年我国耕地仍呈锐减的趋势，还会增加大量失地农民，将是新的不稳定因素。

1950年我国耕地面积是29.4亿亩，人口是5.7亿人，人均5.2亩。2008年我国人口增加到了13.28亿人，耕地却减少了11亿多亩，人均只剩不足1.4亩，不到1950年的1/3。每年还在以1 800~2 000万亩的速度减少，今后我国每年仅建设用地就至少还要占用耕地三、四百万亩，用不了几年，就要突破国家规定的18亿亩农田的最低下限，现在基本农田面积已亏空3 900多万亩，保住现有的15.89亿亩基本农田，形势更不容乐观。而且我国人口还在不断增加，预计到2010年，即使严格控制占地，把能够开垦的后备用地都开垦完，我国也将至少要有一亿亩以上的耕地缺口。预计到2030年，我国人口达到15亿人，耕地危机还将进一步恶化。按现在的需求水平，我国粮食需求总量到2020年为6.03亿t，2033年为6.63亿t，大体需要比现有5亿t粮食生产能力高出20%到30%，而不断减少的耕地使维持现有产量都要付出极大努力，粮食安全面临严峻挑战。而且我国国土水土流失、生态环境总体恶化的趋势尚未根本扭转，沙漠、荒漠化土地不断扩大，环境可持续指数在146个国家和地区中名列倒数第14位，使土地危机更加严重。我国人多地少，土地资源紧缺已经严重制约着我国城市建设和经济发展，必须充分认识我国土地利用，特别是耕地保护的形势日趋严峻，建设用地的供需矛盾突出，统筹协调土地利用的任务非常艰巨。

而另一方面，我国的城市化水平还不高，城市化进程还要加快。1978年，我国的城镇人口是17 245万人，2008年全国城镇人口已达60 667万人，30年增加了3.5倍。但城镇人口占总人口的比重仍仅为45.68%，还将于2025年达到9.26亿，到2030年突破10亿，城乡人口转移的规模是世界上空前的。如果2025年我国的城市化率达到70%，即9.26亿人居住在城里，城镇人口比现在还要增加3.2亿，需要约12.2万km^2的城市土地，这至少需要新增约2万km^2的城市面积。另外道路交通，工矿企业也要发展，也要占地。因此今后我国每年都要再占用四、五百万亩土地，到2020年就至少要增加四、五千万亩建设用地。现在，各地城镇建设用地非常紧张，致使各地方政府屡屡突破规划，违章占地，每年违章占地竟高达数万起。据国土资源部统计，按照中国人均一亩多地的耕地占用量，今后每年至少有260多万农民失去土地。官方披露数据显示，中国农村每年发生数万起群体性事件，接近50%都与土地征占有关。很多城市按照原土地规划已经无地可征。如北京2003年实际建设用地就已超过2010年原规划的建设用地(445万亩)17万亩，2003年后，北京每年又批出约6 000hm^2(90万亩)建设用地，透支量就更大了。现在中央要求“必须坚决守住18亿亩耕地红线”，即我国最多也只有2000多万亩耕地还能占用。2008年10月23日国务院又发布了决定实施的《全国土地利用总体规划纲要(2006~2020年)》，《纲要》规划期内要求严格控制建设用地，确保全国耕地保有量2010年和2020年分别保持在18.18亿亩和18.05亿亩。所以今后我国城市建设基本上已不能再占用农田，我们必须充分认识我国土地利用，特别是耕地保护的严峻形势和建设用地的供需矛盾日益突出的现状。在耕地不断减少，已到保证粮食安全的最低下限的情况下，如何保证不断增长的城市建设用地需求，成为当前城市建设和经济发展的首要难题。耕地不能再占了，如何另寻出路？

二、政府“土地财政”对房地产、卖地的财政依赖是造成土地困境的主要原因

围绕着农地转用和征地补偿，中央和地方之间还发生了严重的目标冲突，进行着广泛的利益博弈。而最后倒霉的总是农民。

这些年来，中国政府财政预算内主要靠城市扩张带来的房地产业和建筑业税收，预算外主要靠土

地出让收入。在很多地方，随着城市房地产的发展，政府从中赚取的土地差价越来越大。2005年中国招拍挂出让土地收入超过5 800亿元，2006年为7 600亿元，2007年全国全年土地出让总收入为12 000多亿元，2008年为9 600多亿元，土地收入不断增加。地方财政已对房地产业高度依赖。国务院发展研究中心一份研究资料显示，近几年土地收入约占地方财政收入的60%。一些二、三线城市的土地出让金占地方财政收入比例高达70%。如果加上其他相关收入，这个比例会更高。通过农地转用和城市扩张，增加建筑业和房地产业的营业税和所得税，一些发达县市这两种税收已经占地方税收总量的37%。由于把农民排除在土地增值收益之外，是一种用剥夺农民来增加财政收入的方式。这样一来，它的另一个严重后果就是造成了大量的寻租机会，产生严重的腐败现象，是官员公款消费和个人致富的主要手段，使官员们趋之若鹜。在整个利益的分配过程中，农民和城镇居民的利益被损害，而地方政府包括开发商的利益被最大化。

不仅如此，由于土地一头连着财政，一头连着金融，土地成为撬动银行资金的重要工具。在东南沿海的一些县市，基础设施建设投资每年高达数百亿元，60%靠土地抵押从银行贷款融资。西部地区的贷款比例更高。这些贷款都是政府以土地作抵押或者以政府财政信用作担保获得的。这种依靠农地转用而发展地方经济的道路潜藏着很大的金融风险和危机。

现在，各地方政府已经过分依赖土地的收入。就以公开声称对房地产和土地收入并不依赖的北京为例：据媒体报道，2008年，北京通过招拍挂方式获得土地出让价款约503亿元，还不包括通过协议出让方式获得的土地收入。而2008年，北京全市地方财政收入完成1837.3亿元，据此计算，2008年北京卖地收入占到财政收入的27%。加上2008年北京财政收入中房地产业税收占15%，两者合计占北京地方收入的42%。再加上建筑业、建材业、装修业等相关产业的税收就更多了。而全国其他严重依赖土地收入的二、三线城市则所占比重就更大了。对"土地财政"依赖性如此之高的地方政府，如何有效地执行端掉它财源的"新土改"政策，是一个严峻考验。

2009年3月全国"两会"期间，全国工商联房地产商会在政协的一份提案和一份调研报告引起了全国媒体的关注。调研报告指出，房地产开发总费用支出中，流向政府的部分(土地成本+总税收)，所占比例为49.42%。而上海的开发项目流向政府的份额最高，达到64.5%；北京为48.28%。报告中说，以北京为例，开发企业在房地产开发过程中需要与20多个政府部门打交道，需要缴纳的各种税费，如规费、证费、市政基础设施费等，多达20多种；加上政府收取的上下游产业中的税费，如施工单位上缴的各种税费、建筑材料生产与购买环节的税费、设备生产与交易中的税费等等，若将上述因素都考虑在内，政府从房价中分得的份额，要远远超过70%的比重。除房地产之外的任何商品，都不可能为政府提供如此大比重的收益。现在，地方政府依据《土地管理法》，对农村集体所有的土地实行征用，征用农民土地支付的费用一般是一亩地仅几万元，但出让给房地产开发商的价格可达几十万元、上百万元乃至几百万元，巨大的价差使得地方政府热衷于"高价卖地""以地生财"，土地成了经营城市的筹码。各地政府都把土地当成了最大资产，卖地所得成了地方的重要财政，地方政府要加快发展的话，唯一能控制的财源和资源就是土地。现在价值25万亿的国有土地约占中国全部资产性财产总量的66%，成为地方政府最大的财源和中国经济领域最大的寻租空间。而数量更大的农民集体所有土地实际上也掌握在政府手中，予取予夺，地方政府自然要通过以土地批租为核心的"经营城市"带动固定资产投资的快速增长。政府有那么大的积极性去征用农民的土地，根本原因就是土地的双轨制——获得土地是计划经济，用地是市场经济，可以用计划经济的方式去掠夺，用市场经济的方式去攫取。巨大的利益空间使政府成为巨大的"地主"。中央政府强调保护耕地，而地方政府的真正动机则是要获得土地双轨制的巨大利益。结果就甘冒违法乱纪、农民闹事的危险，也要大量圈占土地，地方财政对农民的补偿又不可能到位，造成很多问题。地方政府对"土地财政"的过度依赖，使房地产绑架了地方财政，这种现象将来必然造成很大的被动。这种短期行为将会给国家、给子孙后代造成不可估量的损失。政府"土地财政"对房地产、卖地的财政依赖实际上是造成当前土地困境的主要原因。

据2009年7月23日《南方周末》报道：围绕着农地转用和征地补偿，中央和地方之间还发生了严重的目标冲突，进行着广泛的利益博弈。从成本收益来看，在这个过程中，农村集体和农民是净损失者，地方政府是净得益者，中央政府是有得有失，有可能是得不偿失。中央政府土地政策的目标是多重的，最重要的是保护耕地，保证粮食安全；其次是维护农民利益，保持社会稳定，然后是适当增加建设用地，保持经济稳定增长。对地方政府来说，一个是要实现增长目标和政绩目标，即扩大建设用地，加快本地区的工业发展和经济增长；再就是要实现财政目标和利益目标，增加地方收入和地方融资规模，甚至包括官员的个人利益、寻租空间。这两个目标是高度一致的。加快农地转用，扩大建设用地，既能促进经济增长，又能增加财政收入和个人利益。不难看出，从土地政策目标的取向来说，中央政府和地方政府之间存在矛盾和冲突。但地方政府直接管理着本辖区的农地和农户，直接负责农地转用的具体操作，地方的操作者们可以采取多种办法，规避中央的行政控制和计划限制，使政策实施结果向自己一方倾斜。比如，移花接木，调整基本农田；先斩后奏，在农地转用时未批先用；谎报军情，隐瞒信息，用了说未用，多用少报，此用说成他用，此处用说成彼处用。更何况，中央政府要面对全国31个省、直辖市、自治区，70个大中城市，600多个市、2 000多个县、几万个乡镇，管理成本相当高昂。因此，在土地政策的博弈中，中央政府的土地政策目标往往落空，而地方政府的土地政策目标通常都能实现，除非倒霉碰到枪口上。这就使得中央的有效监管和控制在更多时候处于无效状态。

地方政府征地造成了几个严重后果：在现行土地政策实施的博弈中，由于地方政府处于信息优势和操作优势地位，而中央的惩罚又往往难以到位，造成的一个严重后果是农地转用的规模大大超过了计划控制的规模和实际需要的规模。不仅土地大量浪费，征而不用。而且加剧了与被征地农民、被拆迁户的社会矛盾。

现在，征地拆迁是这些年社会矛盾的集中点，改革开放以来，中国在土地管理法制建设中基本上沿用了计划经济时期形成的征收制度，对集体土地转用仍然实行统一征收，对集体建设用地流转实行限制，城乡建设用地市场人为分割，城乡一体的土地市场体系没有建立起来，征收补偿中缺乏公开的市场价值作参照。因此，可以说与市场经济要求相适应的征地制度和土地财产公正补偿机制还远没有建立起来，与现在的市场经济已经脱节，造成很多矛盾，因此，改革现行征地制度已经到了不改就要出大问题的程度了。

按照我国现行的土地产权制度，农民对自己名下的土地，不管是农用地还是宅基地，都不享有完整的权利。因而，已经脱离乡村的农民无法有效地转让土地产权；即便转让，因为权利受到限制，价格也过于低廉。另一方面，留在乡村的农民无法将土地用于比耕种之生产效率更高的方向上。目前被征地土地收益分配格局大致是：地方政府占20%~30%，企业占40%~50%，村级组织占25%~30%，农民仅占5%~10%。按照征地制度，征用土地的补偿款根本不能保证集体和农民征地前后收入水平基本持平，更不用说还要考虑物价上涨因素，农民还应该与城市居民的生活水平同步提高。

在1990年以前，征地对农民来说是大喜事，可以农转工，直接转为城市户口，分配正式工作，一下子变成城市居民，住上楼房，有了稳定的工作岗位，生活水平大幅度提高。那时，哪个村子要被征地，亲戚朋友都要千方百计把户口迁进去，争取能当上被征地户。因为他们不是失去土地，而是获得新生，得到更稳定的收入和更可靠的社会保障，与今天的失地农民简直是天壤之别。所以改革现行征地制度就必须恢复过去让被征地农民得到更稳定的收入和更可靠的社会保障的做法，现在这种征地办法再也不能继续下去了。因此应该按市场价提高征用农民土地的补偿标准，并且补偿款全部交给农民，任何一级政府组织都不能截留。政府征地卖地的差价收益，应该主要用于农村建设和农民增收。强制性的征地要控制在最低限，承包地要物权化，宅基地要成为一个真正的产权。总之，就是让农民对土地享有更为充分、完整的权利。同时，征地的土地使用方必须解决被征地农民的就业和社保问题。

工业化、城市化过程必然意味着很大一部分农用地转为城市用地，要使这一转换过程中土地的资源利用效率优化，就需要保障交易双方具有平等的议价权利，任何一方不享有特权。

另外，政府必须开展研究，调整产业结构，使更多的产业得到发展，为政府创造更多的财源，以摆脱对房地产、对卖地的财政依赖，才能走出土地困境。世界上没有一个国家是靠房地产强大起来的，靠卖地为生是最不可持续、最危险的发展方式。

三、我国人多地少，土地资源紧缺，土地资源浪费却极为严重

目前我国城乡建设中，虽然土地资源十分紧缺，土地浪费却非常严重。从土地利用状况看，我国建设用地利用总体粗放，节约集约利用空间较大，为统筹保障科学发展与保护耕地资源提供了基础条件。

现在，我国城市建设用地和农村建设用地共有33.4万km^2，根据世界各国城市人均用地标准，按平均1平方公里居住1万人的合理水平，能够容纳33亿多人，若按我国住宅区每公顷建房1~2万m^2，人均住房建筑面积30~35m^2，300~600人/hm^2的标准容积率，容纳的人就更多了，但实际上我们30多万km^2土地上只住了13亿人，可见土地浪费很大。目前我国城市人均用地133m^2，已经超过人均建设用地120m^2的规划标准高限。对照国际上的大都市，东京人均建设用地仅78m^2，中国香港才35m^2，北京核心区人口密度高达22394人/km^2，人均实际占有土地面积已经下降到30m^2，这些城市却比一般城市和农村强得多，仍然具有很强的竞争力和较好的居住环境。而且1998年中国房改以来到2007年，中国城市的人口密度实际上是下降的。2006年我国城市平均人口密度为2 238人/km^2，2007年降为2 104人/km^2。到2007年末，我国城镇建成区面积为6.7万km^2。如果城市人均用地面积从现在的133m^2减少到100m^2、1km^2居住1万人的合理水平，在城市化率达到70%的水平时，全国将可节约土地约3万km^2。

另外，我国农村集体建设用地的面积是4亿亩(26.7万km^2)，其中农民宅基地有2.5亿亩（16.7万km^2)，农村人均用地214m^2，更超出农村人均建设用地150m^2的规划标准高限64m^2。目前我国有2.26亿农民到城市打工，他们在农村都留有住房，尽管城市里住房紧张，寸土寸金，居民面临“住房难”，乡村一幢幢的单体农居占地甚广却人烟稀少，对比鲜明。据国土部门的统计显示，2007年全国村镇实有房屋建筑面积就已超过323.4亿m^2，其中住宅271.2亿m^2，全国村镇人均住宅建筑面积29.2m^2，而农村的住房空置率大约在30%，即高达80亿m^2，农民盖房的资金每年有七、八千亿，但是盖了房之后，很多没有人住，不少村庄都成了“空心村”。农民进城租住在条件恶劣的房屋，在家乡的宅院却每年实际只能住15d，是多么巨大的浪费。有人说，农民工在家乡盖的房子被老鼠住，自己在打工地住的却是老鼠住的房子，非常形象。导致农民工居住状况恶化的，并不是没有住房，而是住房与人分置在不同空间，人能流动，但土地和住房在现有体制下不能流动。

2008年10月十七届三中全会通过了《中共中央关于推进农村改革发展若干重大问题的决定》，《决定》允许农民以多种形式流转土地承包经营权，确认集体建设用地、宅基地和农用地使用权流转的合法性，适度推进农村集体建设用地流转工作，逐步建立城乡统一的建设用地市场，同地同价。势必对中国城乡建设、房地产市场发展带来重大影响和巨大冲击，也带来改革的新契机。现有的农民宅基地16.7万km^2，若允许合法流转，就能使城市的土地供应增加一倍以上，可以大大增加可建设用地，缓解城市用地矛盾。据估计，到2020年我国还将约有2亿农民进城，仅宅基地就可以腾出1 500万亩(1万km^2)土地，规模相当可观。

四、如何走出土地困境

面对我国土地问题的严峻状况和面临的困境，我们必须改变过去的做法，走出一条新路。

1.合理利用土地，提高土地利用效率，减少浪费

如果今后我国城市建设都能达到每平方公里不低于1万人的合理居住水平，农村人均建设用地通过新村建设整合达到不超过150m^2的规划标准，那么，即使到2030年我国达到15亿人人口高峰、城市化率超过70%时，全国非农城乡建设用地也只需要20万km^2，不但不需要再占用农田，而且现有

33.4 万km^2城乡建设用地通过占补平衡，还可以腾退复垦超过13万km^2的土地，增加近2亿亩农田。比如北京：到2020年北京市的农村人口计划减至约220万人，根据北京市村镇居民点整理试点经验，村镇居民点整理可以节约建设用地平均达到50%，理论上按照上限人均150m^2计算，农村居民点可整理出土地四、五百平方公里，可以满足北京增加500万人口的居住建设用地。所以必须统筹规划城乡建设用地，整合农村非农用地，才能解决城市化对建设用地的需求。

2.整合农村非农用地

整合农村非农用地，为城市建设用地开拓新空间是一个重要目的。但是更重要的目的应该是建设新农村，实现农业、农村现代化，让农民富起来，缩小城乡差距。中国未来国家经济发展的主要问题仍然是农村问题，只有7.27亿农民全都富裕起来，城乡一体化，内需才能拉动，经济才能可持续发展。现在我国2亿多农户平均每户只有7亩农田，沿海发达地区农村每户则只有二、三亩地，种粮食亩产千斤，每亩也只能收入几百元，顶多能吃上饭，不要说致富，连生存都困难。解决方法只有一个——加快城市化进度，减少农村人口，让绝大多数农民进城，成为新市民。让留下务农的农民平均每户拥有农田至少扩大几倍才行。加快中国的城市化进程，就必须加强土地使用权的合理流转，让农民到城市中能找到稳定工作。同时在较短时间内建立社会保障制度，让农民也能享受教育、医疗服务，分享改革发展的成果。这些问题必须通过改革来解决。

通过整合农村非农用地，就要重新开辟农民进城的合法通道，让进入城市打工的农民能够真正融入城市，在城市扎下根，成为正式市民，从而能够把留在农村的宅基地、责任田交还给村集体。要实现真正的城乡一体化，建立覆盖全体公民、城乡统一的全民义务教育、全民医保、全民社保体系，让公民无论到哪儿都能享受基本生活保障。政府要为所有在城市生活的居民，包括进城一定时间的农民工提供他们住得起的廉租屋、经济租用房、经济适用房、限价房等不同层次的保障用房，做到人人有房住，能够安居乐业。只有这样，城市化才是真正的城市化，进城农民才肯于放弃农村的宅基地、责任田，否则进城农民再多，谁也不敢丢了农村的保命田，整合农村非农用地又从何谈起？其中最关键的是农民进了城要有稳定的就业，稳定的收入。

3.尊重农民完整的土地产权

根据宪法，农村土地归农民集体所有，根据国家统计局《2007年城市、县城和村镇建设统计公报》，到2007年底，我国共有57万个村民委员会，辖265万个自然村。这57万个行政村就是我国农村耕地和房基地的集体所有者，产权的法律地位非常清晰，是农民赖以生存的命根子。任何人占用，都要给农民足够的补偿，保证农民的就业和社会保障。而不能眼睛只盯着农民的土地，不顾农民的死活。现在各地正在进行的农村土地流转实验，如宅基地换住宅，农民土地入股，放弃农村宅基地、责任田换取城市居民身份等等办法，都有一定成效，但也都存在不少弊病，没有根本解决农民的就业和生存保障，实质上仍然只是打农民土地的注意。

前不久，曾经备受关注的重庆土地改革实验已经被中央叫停，就是重庆原来进行的“股田制公司”改革被停止了。原因是土地承包经营权入股后，一旦经过股权转让，则非农村集体成员也可能获得土地承包经营权，这与现行的土地承包制度发生冲突；其次，一旦入股企业破产，土地则可能用于偿还债务，农民面临失地风险；以卖断若干年承包经营权为基础的土地流转，事实上是一种不可逆的土地流转，农民将土地流转出去获得一些现金后进城，这些进城农民事实上不可能再回到村庄，因为他们已经不再能随时取回已经流转出去的土地承包经营权了。例如最近经济大萧条引发大量企业破产，大量农村打工者不得不回家，如果他们没有了土地作为退路，后果很难想象。而且很多入股企业经营不善，原来许诺给农民的收益根本不能兑现，农民既失去了土地又拿不到钱，陷入困境。

现在，天津、北京等地都在推广“宅基地换房”，但“宅基地换房”也要注意两个问题：一个是要保证宅基地换房的农民的权益，使其宅基地收益最大化，而不是最小化；二是农民从小院搬到套房，并不仅仅是居住方式的改变，还需要生活方式和工作方式的改变与之适应。所以，对于在城里已经有了稳定职业，能够融入城市生活，变成城里人的农民来说，“宅基地换房”应该说是一个大好事，使他们在城里能够真正安家，彻底融入城市生活，变成城里人。如果仍旧要靠种地为生，那么则要有很多问题需要解决。

所以，如何整合农村非农用地，还必须深入探讨，稳妥进行。

4. 认真吸取国外经验教训——要限制资本下乡，避免菲律宾式衰落

在如何改革我国农村土地制度方面，我们可以认真吸取国外经验教训。我国周边的日本、韩国、菲律宾等国和我国台湾地区都是地少人多，在现代化过程中都需要解决农民、农村和农业问题。但他们选择了两条不同的道路：菲律宾是学习美国，精英们认为农业和农村的现代化必须依靠资本的力量改造小农和农村才能达到。他们支持资本下乡，让西方跨国公司和本国资本家控制了菲律宾农村和农业生产，大量农民被迫失去土地做资本家的农业工人。从上世纪30年代开始，菲律宾经历了30年左右的快速发展，被西方称为“亚洲典范”。然而，随着技术进步，需要的农业工人越来越少，于是大量失地和失业农民涌进了城市，又找不到工作，失业问题转化为社会问题和政治问题，军人走上政治舞台，社会动荡、经济衰退，菲律宾的劳动力不得不流向世界各地，菲佣成为整个国家的名片。衰落至今，有30%的人生活在贫困线以下。

但是，在菲律宾走向衰落的同时，日、韩和我国台湾地区却迅速发展起来，成为亚洲的新典范。他们不是依靠资本改造和消灭小农，而是在土改的基础上，限制大资本下乡。扶持小农组织起来，建立以金融合作为核心的综合农协，变传统小农为组织化的现代小农，农民不仅分享种植业、养殖业的收益，而且几乎分享了农村金融保险、加工、流通储藏、生产资料供应、技术服务、农产品超市和土地非农使用的绝大部分收益。在现代化过程中，农地转移只许在农民之间进行，没有出现小农在短期内大量破产的现象；农村劳动力转移也不是被迫的，进城的农民和城市居民都同等享受国民待遇，农民的收入和城市居民基本相当。日、韩和我国台湾地区在现代化过程中，农民逐步减少，但没有出现农民工问题；农村经济比重下降，但没有出现农民贫困问题；城市化、工业化高速发展，但没有出现污染和社会两极分化问题。

5.小产权房的启示

近几年，小产权房一直是社会关注的热点。对“小产权房”的争论和支持“小产权房”的呼声也此起彼伏。

所谓“小产权房”，是指建设在农村集体土地上的商品性住宅。它一般由开发商与村委会合作，或由村委会自行开发建设。因用地性质，它不能获得国家建设部门颁发的房屋所有权证，当然也不能上市交易。其“房产证”是由乡镇政府自制颁发的，卖房者是村委会。由于不存在土地出让金，也不用缴纳各种税费，所以成本很低，价格也很低，这也正是它大受欢迎的主要原因。

从上世纪90年代中期起，小产权房的历史已经有十余年，这些小产权房虽然不能办大产权，但是一般项目是合法的，有的是属于旧村改造项目；有的是新农村建设项目；有的是旅游景点配套项目，或是生态园立项等等。总之，都是披着一个“合法”外衣的，否则规划等有关部门不会批准建设，水电市政部门也不能给通水通电，如果全都卖给农民居住，其实是完全合法的。所谓说其不合法，是因为他们卖给了城里人。因为按照我国《土地管理法》规定，如果要在农村集体所有的土地上进行商品房开发建设并出售，必须先经国家征收，转为国有土地，再出让给开发商，开发商向国家交纳土地出让金等税费，最后建房后出售给购房人。小产权房却是在没有将农村集体所有的土地转为国有的情况下进行的商品房开发建设。所以不符合《中华人民共和国土地管理法》等法律规定，消费者不能购买低价小产权房，购买小产权房属“非法”行为。但“非法”的小产权房为什么却很受欢迎，越禁越多呢？就是因为便宜。

小产权房始于高房价。正是因为这些年房价飞涨，远远超出了居民的承受能力，所以很多人不惜冒风险，也要买便宜小产权房。如果没有高房价的存在，也就不存在时下小产权房的盛行。小产权房价格如此之低，反证了我国的房价并不是不能降低。小产权房省去的费用主要是两部分，一是土地出让金，二是各种税费。事实证明，刨去这两块费用，住房价格可以压低70%左右，大产权的房价完全可以降下来。

我国现在房地产市场混乱，房价越调越高，其主要根源之一就是土地制度不合理。这次小产权房问题的暴露，直指土地管理制度，充分反映出了土地管理制度方面存在的问题。应该从根本上解决才行。而这是一个土地制度困局。

小产权房为我们揭开了当前房地产市场的很多深层次问题所在。认真探讨这个问题，对加快房地产业的彻底改革，理顺政府和房地产业的关系会有重大作用。如果有一天农村土地可以进入城市流通，户籍界限也被打破，就无所谓小产权房、大产权房了。

小产权房的出现也说明农民有合理利用整合农村集体所有非农用地的迫切愿望和积极性，可以解决政府无地可征，违反总体规划的困境。政府应该转变思路，利用这个契机，合理利用整合农村集体所有非农用地，增加可利用建设用地。

6.拓宽思路，依靠现代科技，开辟新的土地资源

我国人多地少的现状是无法改变的，但是我们可以拓宽思路，依靠现代科技，提高土地利用效率，开辟新的土地资源。

现代农业的发展，粮食、食品生产已经在逐步摆脱耕地、气候的制约，温室、大棚、无土栽培已经可以一年四季保持生产，大型现代化养猪场、养鸡场、养牛场，圈养舍饲也使畜牧业根本改观，不再依靠放牧，还使肉蛋类生产成百倍增长。据报道，甘肃省在气候条件恶劣的戈壁荒滩上建设的温室、大棚，已使甘肃省成为蔬菜大省，做到了自给有余。今后农业还将向工业化发展，多层农业工厂可以一年四季生产多季作物，产量成十倍增长。采用精准灌溉、精确施肥、精细农业，可以节约80%以上的水和化肥。还可以不占用耕地，利用沙滩荒地、荒山野岭进行建设。将来直接利用叶绿素光合作用合成生产食品、利用克隆技术直接大量生产动植物的技术都在逐渐成为现实。真正的都市农业——屋顶、阳台、庭院、地下室养殖、城市绿地养殖、林下养殖等在很多国家正在方兴未艾，连奥巴马夫人都在白宫草坪种菜了。科学家预言，工业化现代农业可以做到一亩地能养活十几个甚至几十个人。关键是成本能够降下来，现代农业生产的产品要比传统农业质量更好，价格更便宜。现在温室、大棚就已经使冬季蔬菜价格大幅度下降。所以我们应该在发展现代农业，特别是农业工业化方面下大力气，抓紧前沿技术的研究。这样做就能使一亩地发挥几亩、几十亩地的作用，原来不能耕种的沙漠戈壁、沙滩荒地、荒山野岭也能利用起来，大大增加可利用土地，而且是农民走向富裕的必由之路。

另外，当前我国正在论证备受关注的藏水北调大西线工程引水超过2 006亿元，可以利用西藏地势高的优势，把我国每年从雅鲁藏布江、独龙江、怒江、澜沧江白白外流到国外的、占我国水资源总量1/3的6 000~8 000亿m^3优质水源留下一部分，通过黄河自流输送到西北、华北，彻底改变西北、华北的生态环境和气候，彻底消灭十大沙漠，增加十多亿亩耕地。被称为可以再造一个中国。水价从宁夏、内蒙古自流到北京也不超过1元。

我国有超过70万km^2的沙漠，57万km^2的戈壁荒漠，还有高原荒漠15万km^2，而且沙漠每年还在以3 400km^2的速度在不断扩大，成为我国的心腹之患和灾害的根源。改造这些沙漠始终是人类世世代代的梦想。但是从另一方面说，在现代科学技术条件下，这些沙漠又是人类宝贵的后备资源和后备生存空间。因为，人类的生存条件主要是土地、阳光、空气和水。其中，土地是最重要的，要求最好海拔较低、相对比较平坦。而我国的沙漠全是低海拔的平坦的平原和高原，有充足的阳光日照，污染很少的空气，只要有了水这些沙漠都可以改造成为良好的人类生存空间。因此，我国25亿亩沙漠是极为宝贵的后备耕地，因为我国那些沙漠本来就都是良田沙化变成的，只要有水，沙漠多能开发成为丰产高产的良田。这些良田还更适于发展机械化规模经营的现代化大农业，可以在高起点上规划建设大批社会主义新农村，接纳从内地迁来的大批农业人口，从而根除我国耕地危机、粮食危机，彻底解决我国三农问题。而大西线就可以解决水的问题。因此，大西线必须上，尽管难度很大，但并没有不可克服的困难，是可行的。促其上马，就可以彻底解决我国的水资源危机，消除沙漠威胁，还可以成倍增加我国的耕地面积。

这些都是解决我国土地困局的有效办法。

总之，解决土地困局是一个很大的课题，需要社会各方面做出艰苦努力。土地制度的变革，将对各行各业包括房地产业、建筑业、设计业等产生重大而深远影响。

项目计划管理快速入门及项目管理软件 MS Project 实战运用(六)

◆ 马睿炫

(阿克工程公司, 北京 100007)

第二章　计划的实施和控制

一、建立基准计划

计划的控制很重要的一步就是在计划的实施过程中，不断地将更新后的计划与最初的计划进行对比，通过找出偏差，即时纠正，从而达到对计划进行控制的目的。因此，对最初的计划，应该固定下来作为基准计划以备将来在计划的实施过程中进行对比，具体做法如下：

a.在工厂计划的主界面Gantt Chart(甘特图)中，选择主菜单上Tools(工具)命令，弹出子菜单，选择Tracking(追踪)子命令，闪出下一级子菜单，点击Save baseline(保存基准)命令，弹出保存基准计划对话框，详见图(6-1)。

b. 在保存基准计划对话框内，第一行为保存基准计划复选框，软件已默认选择，点击下面的选项框，软件同样默认为Baseline(基准计划)，因为是第一次保存基准计划，自然接受默认设置，如果是第二、第三次再次设置基准计划，可以通过点击下拉菜单，选择对应的基准计划名称，最多可设置10个基准计划。

c.第二行是另一个复选框-保存中期计划，当项目实施过程中，为了方便起见，临时将计划保存，便于与基准计划对比，或者与当前计划进行对比，以监测和控制进度，防止进度拖期。需要强调的是，与基准计划不同，中期计划只保存时间设定，而基准计划不仅保存时间设定，而且还保存最初计划的费用设定、人工时设定等，保存的参数更多、更广。如果我们想保存中期计划，则点击该复选框，然后在下面的选项框内，将当前计划的开始时间和完成时间复制到下面的中期计划的开始、完成时间即可，根据先后顺序选定对应的数字代码。最多可设置11个中期计划。

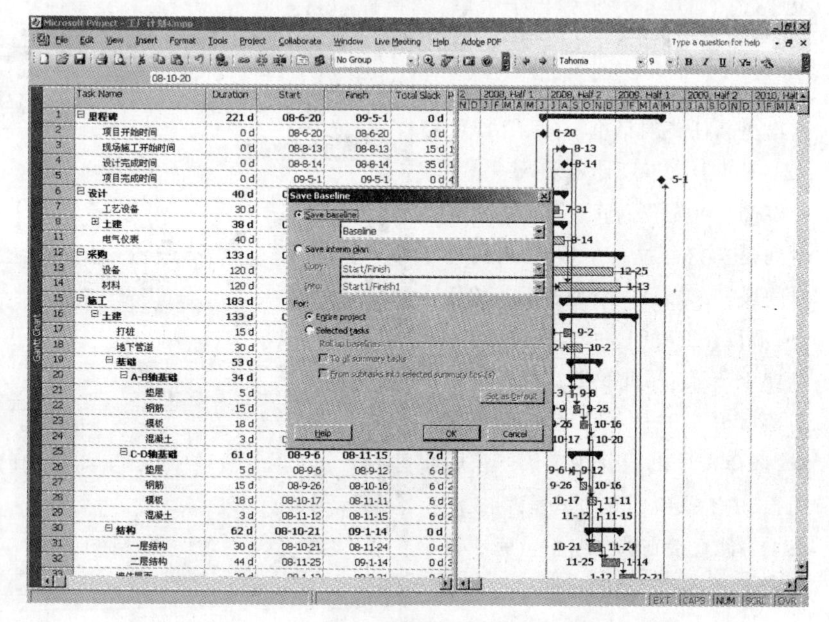

图6-1

d. 再往下，又是两个复选框，第一个是 Entire project(整个项目),第二个是 Selected tasks(选择的任务)。如果我们是想将整个项目的计划都设置为基准计划,自然选择第一个,软件也是默认设置的。但是当项目进展过程中,有时需要加入一些新的任务,那我们就必须专门针对这些新的任务设置它的基准计划,因此就必须利用第二个复选框,否则不可能再对整个项目计划重新设置基准计划。

e.当以上设置确定之后,点击 OK,则项目计划的基准计划就被确定下来了，以后就可以参照该基准计划,看看我们的计划进展如何。

二、计划的更新

计划制定完成之后,首先是设定它的基准计划,然后就是计划的实施。实施的一项重要内容就是在计划执行一定时间之后,对计划进行更新,而更新的内容包括以下几个方面:

(1)针对选定的任务,确定它的完成百分数;

(2)针对选定的任务,输入它的实际开始时间和实际结束时间;

(3)针对选定的任务,输入实际工期和剩余工期。

具体做法如下:

a.在工厂计划主界面Gantt Chart(甘特图)中,移动光标,点击选择要更新的任务项,然后选择主菜单上 Tools(工具)命令,弹出子菜单,选择Tracking(追踪)子命令,闪出下一级子菜单,点击 Update tasks(更新任务)命令,弹出更新任务对话框,详见图6–2。

b.我们拿工厂计划来做一个更新实例。首先我们假设目前的更新时间是2008 年 7 月 1 日,针对这一时间段，选择第一个需要更新的任务–项目开工时间。由于项目已于 6 月16 日开工,因此我们在对话框里的实际开工时间框内点击下拉菜单,选择 6 月16 日作为实际开工时间,又由于该项任务为里程碑(控制点),因此直接在%Complete(完成百分数%)框内填入 100%即可。

c.点击下方的 OK,第一项任务更新完毕。

d. 第二项需要在此时间段进行更新的任务为设计阶段的工艺设备,进度情况是已于 6 月 16 日开始,目前完成进度的百分数为 35%，当我们输入该数值时,我们会发现在右边横道图中,代表任务计划时段的横道内出现了一条黑道,这个就是进度横道,如果它的右端伸至在当前时间线的右边，表示进度提前,如果它的右端在当前时间线的左边,表示进度落后。

e.对于后面的 Actual dur:(实际工期)是指完成该项任务所实际花费的时间。后面的 Remaining dur:(剩余工期)是指完成该项任务还需要的时间,两者的关系是 Remaining duration(剩余工期)=duration(工期)–Actual duration （实际工期）。利用 Remaining duration(剩余工期)可以很方便地调整某项任务尚未完全的日期,比如由于设计的开始时间提前,因此工艺设备的计划完成时间也相应提前，但如果我们仍希望保持计划完成时间不变，那么延长几天剩余工期即可，而工艺设备的计划完成时间仍回到原计划的 7 月 31 日。

f. 第三项需要在此时间段进行更新的任务为设计阶段土建专业的建筑设计,由于多种原因,进度拖至6 月 25 日开始,目前完成进度的百分数为10%,输入以上数据后，我们发现该项任务的完成时间拖期至 8 月 5 日,尽管该项任务横道仍为蓝色,但该项任务拖后五天的开工却导致整个项目完工时间延至

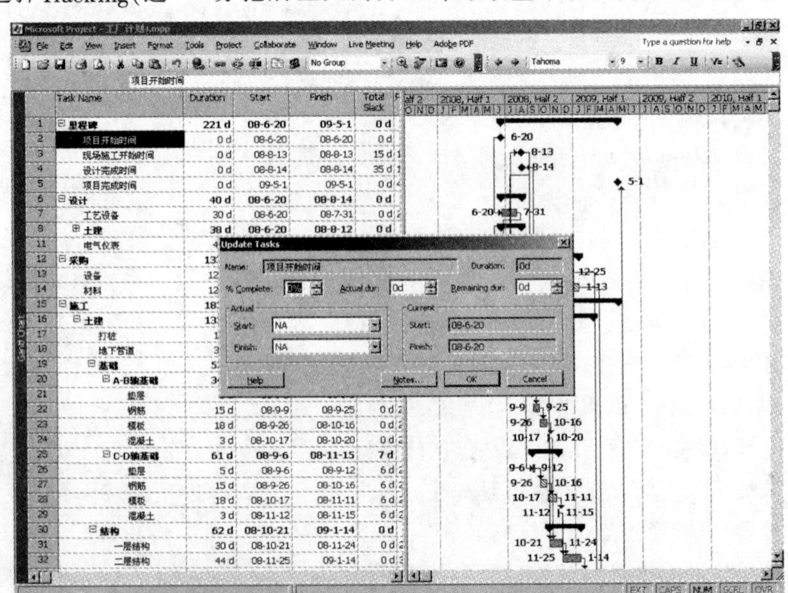

图6–2

2009年5月6日。

g. 出现此种现象问题出在下一个任务-结构设计，因为它的工期更长，而和上一任务-建筑设计又有着SS(开始-开始)的关系，因此建筑设计的晚开工导致结构设计也随之晚开始，而结构设计又是关键任务，故而导致整个项目的完工时间拖后。

h.事实上也如此，结构设计的开始时间为6月28日，完成进度5%，该任务的当前计划完成时间为2008年8月25日。

i.如果业主或高层管理人员不同意对项目完工时间进行调整，那么我们就必须通过压缩关键任务的工期的方法保持原计划的目标工期不变。最简便的方法就是让结构设计的完工时间也保持不变，计划拖期了，通过加班或加人的方法把落后的工期抢回来。也许我们不记得原计划该项任务的计划完工时间是什么日期，没有关系，我们可以使用Insert Column(插入栏目)的相关命令将Baseline Finish(基准完成)栏显示在主界面中，在此可以看到，原计划建筑设计的完成时间为8月12日，通过减少Remaining Dur.(剩余工期)的方法，将该任务的计划完工时间仍调至8月12日。此时项目完工时间又回至2009年5月1日。

j.综观整个计划更新时间段，目前只剩下最后一项任务需要更新了。电气仪表设计实际开始时间为6月30日，目前完成进度3%。输入相关数据后，该任务的计划完成时间从原计划的8月14日变成8月22日，由于它不是关键线路，有足够的总时差(还有27天)可用，因此对整个项目的完工时间没有产生任何影响，不用调整该项任务。

k.虽然仅仅是为了举例，我们更新了几项任务，但感觉到一次次进入更新对话框还是比较麻烦。其实每次更新主要输入新数据的就那几项内容，我们完全可以使用插入栏目的方法将这些必须更新的内容在主界面Gantt Chart(甘特图)显示出来，然后直接在栏目内输入相关数据即可，详见图6-3；更新结束后，如果觉得主界面Gantt Chart(甘特图)栏目太多，我们可以再将它们隐含起来。

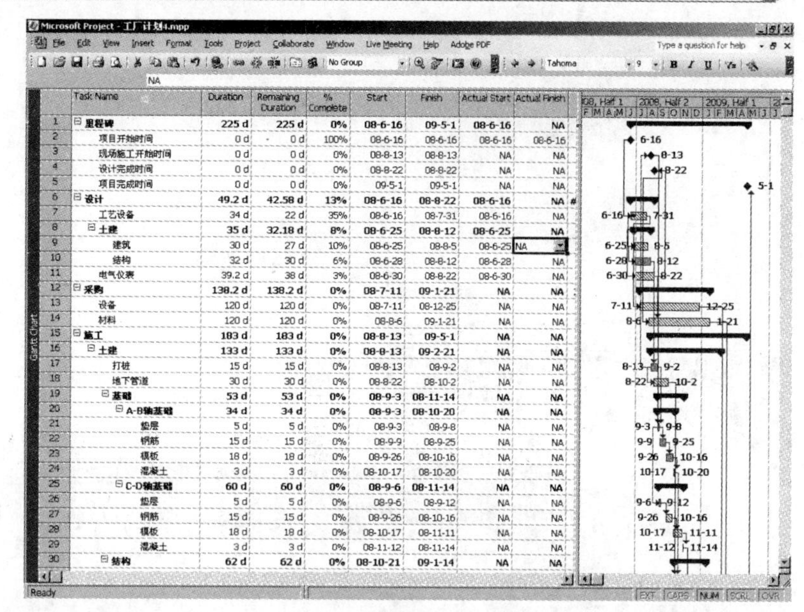

	Task Name	Duration	Remaining Duration	% Complete	Start	Finish	Actual Start	Actual Finish
1	里程碑	225 d	225 d	0%	08-6-16	09-5-1	08-6-16	NA
2	项目开始时间	0 d	0 d	100%	08-6-16	08-6-16	08-6-16	08-6-16
3	现场施工开始时间	0 d	0 d	0%	08-8-13	08-8-13	NA	NA
4	设计完成时间	0 d	0 d	0%	08-8-22	08-8-22	NA	NA
5	项目完成时间	0 d	0 d	0%	09-5-1	09-5-1	NA	NA
6	设计	49.2 d	42.58 d	13%	08-6-16	08-8-22	08-6-16	NA
7	工艺设备	34 d	22 d	35%	08-6-16	08-7-31	08-6-16	NA
8	土建	35 d	32.18 d	8%	08-6-25	08-8-12	08-6-25	NA
9	建筑	30 d	27 d	10%	08-6-25	08-8-5	08-6-25	NA
10	结构	32 d	30 d	6%	08-6-28	08-8-12	08-6-28	NA
11	电气仪表	39.2 d	38 d	3%	08-6-30	08-8-22	08-6-30	NA
12	采购	138.2 d	138.2 d	0%	08-7-11	09-1-21	NA	NA
13	设备	120 d	120 d	0%	08-7-11	08-12-25	NA	NA
14	材料	120 d	120 d	0%	08-8-6	09-1-21	NA	NA
15	施工	183 d	183 d	0%	08-8-13	09-5-1	NA	NA
16	土建	133 d	133 d	0%	08-8-13	09-2-21	NA	NA
17	打桩	15 d	15 d	0%	08-8-13	08-9-2	NA	NA
18	地下管道	30 d	30 d	0%	08-8-22	08-10-2	NA	NA
19	基础	53 d	53 d	0%	08-9-3	08-11-14	NA	NA
20	A-B轴基础	34 d	34 d	0%	08-9-3	08-10-20	NA	NA
21	垫层	5 d	5 d	0%	08-9-3	08-9-8	NA	NA
22	钢筋	15 d	15 d	0%	08-9-9	08-9-25	NA	NA
23	模板	18 d	18 d	0%	08-9-26	08-10-16	NA	NA
24	混凝土	3 d	3 d	0%	08-10-17	08-10-20	NA	NA
25	C-D轴基础	60 d	60 d	0%	08-9-6	08-11-14	NA	NA
26	垫层	5 d	5 d	0%	08-9-6	08-9-12	NA	NA
27	钢筋	15 d	15 d	0%	08-9-26	08-10-16	NA	NA
28	模板	18 d	18 d	0%	08-10-17	08-11-11	NA	NA
29	混凝土	3 d	3 d	0%	08-11-12	08-11-14	NA	NA
30	结构	62 d	62 d	0%	08-10-21	09-1-14	NA	NA

图6-3

l. 为了让你快速简便地对计划进行更新，MS Project还专门提供了以下两种方法：

- 在主界面的菜单命令中选择Tool(工具)命令，弹出子菜单后选择Tracking(追踪)子命令，滑至下一级菜单，选择Update Project(更新项目)，弹出更新项目对话框，即在此对项目进行更新。该功能适合那些完全按照计划开始且任务完成百分比基本一样的项目，尤其对一组进度相同的任务，更新起来比较方便。但事实上这是很难做到的，如果需要详细地更新项目，还是需要使用上面所介绍的Update Task(更新任务)的命令。

- 在工厂计划的主界面Gantt Chart(甘特图)中，选择主菜单上View(视图)命令，弹出子菜单，选择Toolbars(工具栏)子命令，闪出下一级子菜单，点击Tracking(追踪)命令，在上部工具栏处增加一项快速更新工具条，利用该条即可以对计划任务进行快速更新。

m.关于计划更新的时间间隔，视项目的规模、计划的大小、管理层的要求而定。比如要求每周报告一次，那么就每周更新一次，如果要求月报告，则每月报告一次。总之要体现计划的即时性，如果计划很大，条目很多，光更新一次就需要一周的时间，那么周报显然是不合适的。反之，如果项目不大，总工期只有六个月，那么月报就显得太宽裕了，计划的指导作用就会大打折扣。

针对不同空间 打造装饰工程精品

姜宏山

(北京市精亦诚建筑装饰工程公司，北京 100037)

一个精品装饰工程，首先应根据不同用户的需求，有一个好的装饰设计，有一个精细的施工方案，作为项目要注重整体方案的设计与实施。针对不同的空间，装饰设计施工时要最大限度的满足不同用户的价值需求，从而打造出精品工程。

1 公共空间的设计装饰

公共空间是指城市居民进行公共交往活动的开放性场所，是城市形象的重要表现之处。公共空间对于城市的重要性无须多言，它让人们在情感和心理上认识了个体与社会群体之间的关系。公共空间既然是为大众所使用，那么它的设计必须围绕着大众，因此人性化是需要突出的特点。公共事业机构及其建筑在历史上都是权力和不朽的象征，它们体现了社会建造反映这种理念的愿望。现在公共事业机构处于迅速变化之中，因而人们有很大的潜力为后代确定和完善这些机构的意义与影响。结果必然是：事业机构不再被认为是一成不变的服务与学习的场所，而是人与环境充分融合、互为影响的空间。领会机构使用者如何改变机构的环境有助于奇迹的产生，赋予这些机构的使用者以力量。设计的宗旨是：这些获得力量的个人，这些学习的产物，在完全自由参与的环境中工作，并与环境互为影响，它们将为社会和各种机构指点出一条不断完善的进步之路。

2 办公空间的设计装饰

办公空间室内设计的最大目标就是要为工作人员创造一个舒适、方便、卫生、安全、高效的工作环境，以便更大限度地提高员工的工作效率。这一目标在当前商业竞争日益激烈的情况下显得更加重要，它是办公空间设计的基础，也是办公空间设计的首要目标。办公空间设计需要考虑多方面的问题，涉及科学、技术、人文、艺术等诸多因素。其中“舒适”涉及建筑声学、建筑光学、建筑热工学、环境心理学、人类工效学等方面的学科；“方便”涉及功能流线分析及人类工效学等方面的内容；“卫生”涉及绿色材料、卫生学、给排水工程等方面的知识；“安全”问题则涉及建筑防灾和装饰构造等方面的内容。办公空间装饰设计时，不仅要合理规划办公空间，将网络、照明、隔音等功能设备配备合理，提升工作效率，更要把各种文化元素溶入到办公空间的设计中，让空间更具文化性和艺术性，创造一个完美的办公环境。

3 酒店空间的设计装饰

频繁的商务活动和旅游度假，促使酒店业成为世界第一大产业，酒店空间的设计装饰因此也倍受重视。让文化艺术融入酒店空间使之具备高层次的魅力，吸引世界各地不同的客人，并使其获得更多的商业价值，正是设计师和建筑师孜孜不倦，为之研究的新课题。酒店空间经历了从当初的单纯的住宿功能到现在具有住宿、餐饮、会议、宴会、购物、娱乐、健身、夜总会及酒吧等多种综合性功能的过程。今天的游客和商者对所入住的酒店有着更高的功能和文化品位的要求，他们入住酒店，无论是商务或旅游，都希望由酒店体验当地文化、生态环境，以获得不同的风俗人文，增长见识，愉悦身心。由此可见，酒店应该是一个"文化艺术的殿堂"。在酒店装饰设计和施工时，要充分考虑酒店的地域性、文化性，注重时尚与创新，融入酒店的功能取向和文化品位，并通过材质、色彩和造型的组合运用，来体现酒店的特色与文化韵味，同时协助管理者从专业角度打造最有功能效率和人文精神的现代化酒店。

4 综合建筑空间的设计装饰

社会的发展，经济的繁荣使人们开始关注生活环境的舒适、可靠、便捷以及文化内涵，对环境的需要逐步向精神层面延伸。所以无论是银行、医院，还是酒吧、餐厅，抑或俱乐部、会所，其设计重点都由空间形式逐步向空间给人的感受转变，文化和艺术氛围越来越为人们所推崇。因此，在现代装饰设计中，人对空间的呼应和感受以及空间对人的影响和感染已成为设计师和建造师必须探讨和研究的课题，在设计和施工环节中，不仅要注重建筑结构、消防安全、环保节能、通风取暖等空间布局的安全性和功能性保障，还必须充分考虑到空间的视听感受、音响照明、色彩搭配等文化氛围和品味格调的营造。因此，无论在项目设计还是工程施工中，都应充分融汇现代装饰材料和设计构成的有序结合，以现代审美情趣呈现出空间形象，在室内外整体设计中加以统一与提炼，从而突出建筑的艺术特点及商业形象，以独特的空间面貌，给来宾以非同一般的感官享受和人文关怀。

中国经济形势分析与预测2009年秋季报告 在京发布

由中国社会科学院经济学部《中国经济形势分析与预测》课题组主办的中国经济形势分析与预测2009年秋季座谈会10月10日在京举行。

会议发布了中国经济形势分析与预测2009年秋季报告。

报告认为：国际金融危机对世界经济的影响是深远的，这也使深度参与经济全球化的我国难以独善其身，在金融危机的冲击下，我国经济发展中的某些固有矛盾不断暴露并逐步凸显，因此，积极应对国际金融危机仍将是一项艰巨的任务。在保持宏观经济政策连续性和稳定性的同时，应做好政策储备，从容应对国际和国内可能出现的新情况、新问题。

国民经济主要指标预测

从季度经济运行情况看，2009年国民经济呈现出企稳回暖、逐步向好的发展轨迹。据预测，2009年我国GDP增长速度将达到8.3%左右，可以实现保“8”经济增长目标。如果2010年世界金融危机不再进一步严重恶化，国内不出现大范围严重自然灾害和其他重大问题，GDP增长率将稳步回升到9%左右的增长水平。

2009年农业生产继续保持平稳增长，第一产业增加值增长率将达到5.6%，考虑到农业生产的自然周期性因素，2010农业生产形势比较严峻，预计第一产业增加值将略有所回落，增长5.1%。金融危机对我国工业生产的影响十分严重，今年二季度以来工业经济出现了比较明显的回升态势，预计2009年和2010年第二产业增加值增长速度将分别达到8.6%和9.4%。2009年以来，房地产业实现了恢复性增长，对于第三产业的企稳回升提供了有力支撑，预计今、明两年，第三产业分别增长7%和9.5%。

2009年，在一揽子经济刺激政策推动下，我国固定资产投资加速增长，成为扩内需、保增长的最主要动力。预计全年全社会固定资产投资227 400亿元左右，名义增长率为32%，比去年高出6.5个百分点，为近16年的最高增长率，剔除价格因素，投资实际增长率为34.4%，是去年投资实际增长率的2.26倍。2010年，如果继续实行积极的财政政策和适度宽松的货币政策，固定资产投资仍将保持较高增长速度，预计名义增长率将达到34.4%，固定资产投资占GDP的比重将可能超过70%。

2008年以来，我国价格水平出现了较大波动。2008年居民消费价格、社会商品零售价格以及投资品价格分别上涨5.9%、5.9%和8.9%，上升幅度都显著高于以前几年。2009年上半年，随着国际金融危机的蔓延，国内外经济增长放缓导致最终需求下降，物价处于低位运行，居民消费价格、商品零售价格以及投资品价格比去年同期下降1.1%、1.4%和2.6%。最近几个月的数据显示，居民消费价格和工业品出厂价格环比增速都出现加快的态势。据预测，2009年居民消费价格、商品零售价格以及投资品价格分别下降0.5%、0.8%和1.8%。2010年价格水平将恢复上涨，据预测，居民消费价格、社会商品零售价格以及投资品价格分别上涨2.1%、1.8%和1.3%。

国际金融危机对居民收入，特别是对农村居民收入造成了较大影响。尽管国家实施了一系列保障农民收入的惠农政策，并大幅增加转移性收入，但是农村居民收入增幅仍呈下降趋势。据预测，2009年和2010年农村居民实际人均纯收入将分别增长6.8%和7.1%，农村居民收入增长速度低于城镇居民收入增长速度的局面仍将持续，分别低2.4和2.1个百分点。

报告分析认为：近几年，消费需求一直保持着平稳增长的态势。按可比价格计算，社会消费品零售总额增长速度从 2002 年的 12%提高到 2008 年的 14.8%。在此次应对金融危机的政策组合上，突出强调了“积极扩大国内需求特别是消费需求”，国家先后实施了提高粮食最低收购保护价，提高对农民的种粮补贴，提高低收入群众等社保对象待遇水平、企业退休人员基本养老金水平和优抚对象生活补助标准，通过财政补助支持家电下乡、汽车下乡，减征小排量车购置税等政策措施，取得明显效果。预计 2009 年和 2010 年社会消费品零售总额分别达到 12 500 亿元和 14 800 亿元，实际增长分别为 16.3%和 16.4%。

受世界经济放缓、美国金融危机恶化蔓延、国内经济减速，以及国际贸易保护主义等不利因素影响，去年 11 月份，我国对外贸易结束了持续 7 年多的较快增长势头，到今年 8 月份，已经连续 10 个月出现下降。据预测，2009 年进口和出口的增长速度将出现负增长，分别为-21.0%和-19.5%，全年外贸顺差将达到 2 500 亿美元左右。今年上半年全球经济回暖的信号开始显现，全球经济正开始走出二战后前所未有的衰退，虽然经济复苏的力量还不够强劲，但再次陷入衰退的可能性不大。最新数据显示，8 月份我国进出口，以及出口和进口环比分别增长 2.3%、3.4%和 1%。新出口定单指数也从 5 月份开始连续数月超过 50%的扩张线。预计 2010 年，我国外贸形势将趋好转，进出口增长有望恢复到 2008 年的水平，进口增长和出口增长分别达到 18.7%和 17.3%。

我国经济在较短时间内经历了止跌、企稳、回升的几个阶段，国内经济复苏势头强劲，经济运行正逐步进入持续平稳较快的增长轨道。总的来看，在实现“保增长”目标的同时，更要关注经济复苏的质量，努力实现调整结构、扩大内需基础上的持续平稳增长。表 1 列出的是对我国 2009 年和 2010 年主要国民经济指标的预测情况。(王佐)

2009年主要国民经济指标预测 表1

指标名称	2009	2010
(1)总量及产业指标		
GDP增长率(%)	8.3	9.1
第一产业增加值增长率(%)	5.6	5.1
第二产业增加值增长率(%)	8.6	9.4
其中:重工业(%)	8.9	9.7
轻工业(%)	8.5	9.3
第三产业增加值增长率(%)	8.7	9.5
(2)全社会固定资产投资		
总投资规模(亿元)	227400	281740
名义增长率(%)	32	23.9
实际增长率(%)	34.4	22.3
投资率(%)	51.2	53.3
(3)价格		
商品零售价格指数上涨率(%)	-0.8	1.8
居民消费价格指数上涨率(%)	-0.5	2.1
投资品价格指数上涨率(%)	-1.8	1.3
GDP平减指数(%)	0.3	2
(4)居民收入与消费		
城镇居民实际人均可支配收入增长率(%)	9.2	9.1
农村居民实际人均纯收入增长率(%)	6.8	7.1
(5)消费品市场		
社会消费品零售总额(亿元)	125000	148000
名义增长率(%)	15.3	18.4
实际增长率(%)	16.3	16.4
(6)财政		
财政收入(亿元)	66320	78470
增长率(%)	8.2	18.3
财政支出(亿元)	74420	88940
增长率(%)	19.2	19.5
(7)金融		
居民存款余额(亿元)	255860	290300
增长率(%)	17.4	13.5
新增货币发行(亿元)	4010	4420
新增贷款(亿元)	101700	83400
贷款余额(亿元)	405090	489080
贷款余额增长率(%)	33.5	20.7
(8)对外贸易		
进口总额(亿美元)	8950	10620
增长率(%)	-21	18.7
出口总额(亿美元)	11500	13490
增长率(%)	-19.5	17.3
外贸顺差(亿美元)	2550	2870

中国建筑业协会建造师分会评选“全国优秀建造师”出炉

2009年12月15日，中国建筑业协会建造师分会在北京授予李志远等590名同志“全国优秀建造师”荣誉称号，并予以表彰。名单如下：

北京市(34名)

李志远　北京建工集团总承包二部
王井民　北京建工集团总承包二部
薛贺昌　北京建工集团总承包二部
蔡晓鸿　北京建工集团总承包二部
由爱众　北京建工集团国际工程部
李维震　北京市第三建筑工程有限公司
马小军　北京建工四建工程建设有限公司
武　威　北京市第五建筑工程有限公司
田文杰　北京长城贝尔分格伯格建筑工程有限公司
路　刚　北京长城贝尔分格伯格建筑工程有限公司
张卫国　长城竹中建设工程有限公司
王　鑫　北京建工博海建设有限公司
乔聚甫　北京市机械施工有限公司
谭晓春　北京城建集团工程总承包部
樊　军　北京城建集团工程总承包部
徐　谦　北京城建集团工程总承包二部
任万生　北京城建集团工程总承包二部
李跃进　北京城建集团工程总承包三部
储昭武　北京城建集团工程总承包三部
王庆海　北京城建国际建设有限公司
刘月明　北京城建轨道交通建设有限公司
赵艳雄　北京城建安装工程有限公司
刘海涛　北京城建建设工程有限公司
刘　杰　北京城建二建设工程有限公司
马　松　北京城建二建设工程有限公司
彭其兵　北京城建五建设工程有限公司
王俊杰　北京城建六建设工程有限公司
李强国　北京城建六建设工程有限公司
席洲祥　北京城建八建设工程有限公司
燕树芳　鹏达建设集团有限公司
张　明　鹏达建设集团有限公司
梁铁路　保利建设开发总公司
徐　克　保利建设开发总公司
仝　皓　保利建设开发总公司

天津市(17名)

李　剑　天津建工工程总承包有限公司
刘　洋　天津一建建筑工程有限公司项目二部
穆瑞刚　天津市二建建筑工程有限公司
李锦春　天津市三建建筑工程有限公司
汪济堂　天津城建集团有限公司
李呈蔚　天津市住宅建筑发展集团有限公司
沈环宇　天津市住宅建设发展集团有限公司
葛乔亮　天津路桥建设工程有限公司
郭　重　天津第六市政公路工程有限公司
赵学发　天津市机电设备安装公司
秦欢乐　天津市管道工程集团有限公司
陈　光　天津和平建工集团建筑工程有限公司
崔景山　中国建筑第八工程局有限公司天津分公司
闫克启　中国建筑第八工程局有限公司天津分公司
杨振平　中交一航局第四工程有限公司
范须顺　中交一航局第四工程有限公司
张光蒲　中交一航局第四工程有限公司

河北省(23名)

杜战树　河北建设集团有限公司
乔永进　河北建设集团有限公司
郑小平　河北建设集团有限公司
张现法　河北建工集团有限责任公司
孙建格　河北省第二建筑工程公司
刘云涛　河北省第四建筑工程公司
周志民　河北省第七建筑工程有限公司
范曙光　河北省安装工程公司
张秋录　河北华信建筑工程有限公司
陆喜信　华北建设集团有限公司
陈仓库　华北建设集团有限公司
肖汾阳　华北建设集团有限公司
成振通　华北建设集团有限公司
孟祥宝　河北保定城乡建设集团有限责任公司
耿立功　唐山建设集团有限责任公司
吴东维　丰润建筑安装股份有限公司
安同力　丰润建筑安装股份有限公司
唐江明　邯郸建工集团有限公司
吴树平　承德华宇建筑安装工程有限公司
李占业　衡水书柳建筑工程有公司
汤长礼　河北大元建业集团有限公司
安志文　张家口市第一建筑工程有限公司
马　河　鹏达建设集团有限公司

内蒙古自治区(9名)

宿　英　内蒙古第三建筑工程有限公司
范俊林　内蒙古丰华(集团)建筑安装有限公司
李　顺　赤峰宝昌建设工程有限公司
杨绪金　赤峰添柱建设工程有限公司
郝立民　赤峰添柱建设工程有限公司
王　琪　通辽市哲一建建筑工程有限责任公司
高　亮　内蒙古兴泰建筑有限责任公司
高培义　内蒙古兴泰建筑有限责任公司
张有江　内蒙古经纬建设有限公司

辽宁省(22名)

卢伟然　东北金城建设股份有限公司
汤天鹏　沈阳天地建设发展有限公司
颜万军　沈阳北方建设股份有限公司
廉福洪　沈阳远大铝业工程有限公司
金荣富　沈阳双兴建设集团有限公司
衣景斌　大连金广建设集团有限公司
于传龙　大连市建设工程集团有限公司
刘凤珍　大连市建设工程集团有限公司
孙　辉　大连三川建设集团股份有限公司
杜传章　大连三川建设集团股份有限公司
宋爱民　大连华禹建设集团有限公司
刘桂新　中建八局大连分公司
李盛春　鞍钢建设集团有限公司
刘忠乾　鞍钢建设集团有限公司
王连宝　抚顺中宇建设(集团)有限责任公司
潘子绪　本溪钢铁(集团)建设有限责任公司
陈祥生　辽宁三盟建筑安装有限公司
付宝祥　东北金城建筑安装工程总公司锦州工程处
刘春学　营口市钢结构工程有限责任公司
贺　军　辽阳建设集团公司
程显东　辽河石油勘探局油田建设工程一公司
陆国方　辽宁地矿井巷建筑工程公司

吉林省(12名)

曹贵祥　吉林省建筑工程有限责任公司
姚新宇　吉林省第二建筑有限责任公司
王天伟　吉林省鑫安高新建筑有限公司
张士华　吉林省腾跃装饰装璜有限公司
赵　亮　吉林省凯基建筑装饰工程有限责任公司
陈建新　长春建设股份有限公司
邵英华　长春新星宇建筑安装有限责任公司
姜德蛟　华信钢结构集团有限公司
唐海峰　吉化集团吉林市北方建设有限责任公司
张云飞　中铁十三局集团电务工程有限公司
柳汝发　华煤集团有限公司
袁洪明　吉林东煤建筑基础工程公司

黑龙江省(10名)

刘崇山　黑龙江省建工集团有限责任公司
谢军伟　黑龙江省建工集团有限责任公司

李长军　黑龙江省建工集团有限责任公司
李洪伟　哈尔滨长城建筑集团股份有限公司
马向明　哈尔滨长城建筑集团股份有限公司
董劲松　哈尔滨正大建筑企业集团有限责任公司
高　文　哈尔滨正大建筑企业集团有限责任公司
刘静波　哈尔滨大东集团股份有限公司
孙洪升　黑龙江省火电第一工程公司
魏成明　齐翔建工集团有限公司

上海市(19名)

徐青松　上海市第一建筑有限公司
赵　炯　上海市第四建筑有限公司
费跃忠　上海市第七建筑有限公司
胡　建　上海市第七建筑有限公司
徐宝康　上海市机械施工有限公司
吴　杰　上海城建(集团)公司工程总承包部
董泽龙　上海市第一市政工程有限公司
戴阿幸　上海市第二市政工程有限公司
葛以衡　上海市第二市政工程有限公司
傅建平　上海市第二市政工程有限公司
褚伟良　上海市园林工程有限公司
王　琰　上海隧道工程股份有限公司
秦宝华　上海市基础工程公司
高　鹤　上海宝冶建设有限公司
朱庆涛　中国建筑第八工程局有限公司总承包公司
李　未　中国建筑第八工程局有限公司总承包公司
杨智勇　上海港务工程公司
李森平　中交三航局第二工程有限公司
段运杰　中国二十冶建设有限公司

江苏省(27名)

许　平　江苏省建工集团有限公司
陈迪安　江苏省建工集团有限公司
王先华　江苏省建工集团有限公司
邱　建　南京建工集团有限公司
郭文山　江苏双楼建设集团有限公司
柴家付　常州第一建筑工程有限公司
周月怀　江苏城东建设工程有限公司
戚森伟　苏州一建建筑集团有限公司
宫长义　苏州二建建筑集团有限公司
汪俊彦　苏州二建建筑集团有限公司
张跃景　江苏地亚建筑有限公司
袁光军　江苏中淮建设集团有限公司
陈宝中　江苏扬建集团有限公司
黄　林　江苏中兴建设有限公司
赵　林　江苏省江建集团有限公司
沈世祥　江苏江中集团有限公司
邱　林　南通建工集团股份有限公司
邱海兵　南通建工集团股份有限公司
宋茂进　南通四建集团有限公司
耿裕杰　南通四建集团有限公司镇江分公司
徐宏均　南通新华建筑集团有限公司
徐　建　通州建总集团有限公司
张晓白　通州建总集团有限公司
沈　忠　龙信建设集团有限公司
曹国祥　江苏顺通建设工程有限公司
王效军　宿迁中厦建设工程有限公司
丁先喜　江苏通泰建设有限公司

浙江省(26名)

陈天民　浙江省建设投资集团有限公司
吴　飞　浙江省建工集团有限责任公司
吴义忠　浙江省二建建设集团有限责任公司
何邦顺　浙江省长城建设集团股份有限公司
翁羽丰　浙江省电力设计院
王成波　浙江省送变电工程公司
严永禾　浙江省火电建设公司
黄健洪　杭州市设备安装有限公司
徐岳勤　宁波建工股份有限公司
卞高勇　宁波市建设集团股份有限公司
胡正华　温州建设集团公司
郭广林　浙江中元建设股份有限公司
奕卫东　浙江中成建工集团有限公司
夏为民　浙江宝业建设集团有限公司
史久其　浙江环宇建设集团有限公司
俞建行　八方建设集团有限公司
蒋贤龙　晟元集团有限公司
胡文伟　广厦建设集团有限责任公司

张向洪　中天建设集团有限公司
许加良　中天建设集团有限公司
张跃仁　中天建设集团有限公司第五建设公司
赵春洪　中天建设集团有限公司
蒋世伟　浙江省东阳第三建筑工程有限公司
俞桂良　浙江新东阳建设集团有限公司
邵立新　浙江柯建集团有限公司
管志强　大昌建设集团有限公司

安徽省(12名)

梁华新　安徽建工集团有限公司
张　斌　安徽三建工程有限公司
赵学军　安徽华力建设集团有限公司
孙西振　安徽水安建设发展股份有限公司
夏权先　合肥市市政工程集团有限公司
王　军　安徽送变电工程公司
汪以文　安徽送变电工程公司
李忠国　芜湖天宇建设有限公司
陈华亮　蚌埠市第五建筑安装工程有限公司
李振标　安徽水利开发股份有限公司
李昌宇　中煤三建第三十三工程处
程双喜　合肥中铁钢结构有限公司

福建省(9名)

陈立建　福建二建建设集团公司
蔡自力　福建省第五建筑工程公司
黄敬忠　福建七建集团有限公司
张俊峰　福建省工业设备安装有限公司
陈加才　福建省九龙建设集团有限公司
史西华　厦门中联建设工程有限公司
吴金锋　福建省闽清第一建筑工程公司
雷祖云　福建省恒基建设股份有限公司
黄锦祥　福建登凯成龙建设集团有限公司

江西省(10名)

吉乘龙　江西省建工集团公司
胡根龙　江西省第一建筑工程有限公司
涂发强　江西省第一建筑有限责任公司
蔡绍耀　江西中南建设工程集团公司
欧阳敏　南昌市第二建筑工程公司
徐丰昌　江西省发达建筑工程有限责任公司
陈国平　南昌市民用建筑工程有限公司
姜钦德　江西昌南建设工程集团公司
尹白云　江西省吉安市建筑安装工程总公司
刘为民　中铁二十四集团南昌建设有限公司

山东省(35名)

刘文佳　济南一建集团总公司
葛庞凯　济南二建集团工程有限公司
刘俊清　济南四建(集团)有限责任公司
王　昌　济南四建(集团)有限责任公司
刘永强　济南四建(集团)有限责任公司
焦方信　济南长兴建设集团有限公司
韩春喜　山东港基建设集团有限公司
丁洪斌　青建集团股份公司
孙　涌　莱西市建筑总公司
王法度　青岛市胶州建设集团有限公司
王德强　山东金塔建设有限公司
张　磊　山东新城建工股份有限公司
张延忠　山东齐泰实业集团股份有限公司
王延志　烟建集团有限公司
张林城　烟台市清泉建筑建材有限公司
张学民　山东寿光第一建筑有限公司
崔　淼　山东寿光第一建筑有限公司
张　文　山东寿光第一建筑有限公司
孙茂杰　威海建设集团股份有限公司
高保林　山东宁建建设集团有限公司
王传伦　山东诚祥建安集团有限公司
孙　文　山东兴润建设有限公司
刘加青　山东锦华建设集团有限公司
王成玉　日照港建筑安装工程有限公司
王新永　山东金宇建筑集团有限公司
张桂玉　天元建设集团有限公司
庞玉坤　临沂市政工程总公司
张刚权　山东德建集团有限公司
贾志臣　山东聊建集团总公司
蒋树云　山东滨州城建集团公司
任崇峰　山东菏建建筑集团有限公司
徐海清　山东水利工程总公司

刘深远　山东省公路桥梁建设有限公司
杜其伟　山东电力建设第一工程公司
刘国平　中建八局第四建设有限公司

河南省(11名)

许　巍　河南省第一建筑工程集团有限责任公司
雒加岩　河南省第二建筑工程有限责任公司
马同庄　河南省第二建筑工程责任有限公司
段志华　河南三建建设集团有限公司
吉瑞林　河南省第五建筑安装工程(集团)有限公司
周劳动　河南省第五建筑安装工程(集团)有限公司
雷通洲　河南六建建筑集团有限公司
孔庆海　河南六建建筑集团有限公司
吕新合　新蒲建设集团有限公司
罗晓东　河南国安建设集团有限公司
李东旺　安阳建工(集团)有限责任公司

湖北省(23名)

胡汉舟　中铁大桥局集团有限公司
文武松　中铁大桥局集团有限公司
罗　宏　中建三局第二建设工程有限责任公司
郑承红　中建三局第二建设工程有限责任公司
倪明非　中建三局建设工程股份有限公司
伍山雄　中建三局第二建设工程有限责任公司
董冰锋　中建三局第二建设工程有限责任公司
姜焕斌　宝业湖北建工集团有限公司
顾　兵　湖北省建工第二建设有限公司
余世森　湖北省建工第五建设有限公司
韩惠明　湖北省建工第五建设有限公司
陈慧林　山河建设集团有限公司
刘先成　新八建设集团有限公司
虞志鹏　武汉市汉阳市政建设集团公司
孙来福　湖北中浩建筑有限责任公司
戚雄昌　武汉市政建设集团第二市政工程有限公司
王前道　湖北省襄樊市市政工程总公司
熊衍平　荆州市城市建设集团工程有限公司
姚　力　湖北益通建设工程有限公司
孙芳洲　湖北全洲扬子江建设工程有限公司
蒋同义　湖北长安建筑股份有限公司
张彦胜　恩施兴州建设工程有限责任公司

湖南省(15名)

雷正军　湖南省第二工程有限公司
罗　实　湖南省第六工程有限公司
王　勇　湖南省第六工程有限公司
黄自强　湖南长大建设集团股份有限公司
何长春　湖南高岭建设集团股份有限公司
刘建国　湖南望城建设(集团)有限公司
李顺华　湖南吉粤装饰有限公司
魏家特　湖南北山建筑股份有限公司
张承彦　长沙市红星建筑工程有限公司
韦拥军　湖南捞刀河建设集团有限公司
刘　正　湖南格塘建筑工程有限公司
高应军　长沙新康建筑工程有限公司
文柏山　湖南省华雁建设有限公司
蒋才良　衡阳市禹班建设工程有限责任公司
左晓东　衡阳市衡洲建筑安装工程有限公司

广东省(29名)

杨广林　广东省建筑工程集团有限公司
陈汉长　广东省第一建筑工程有限公司
肖新洪　广东省第一建筑工程有限公司
郑仲平　广东省第二建筑工程公司
钟自强　广东省第四建筑工程公司
张建基　广东省六建集团有限公司
陈景辉　广东省六建集团有限公司
钟凤标　广东省工业设备安装公司
黄伟江　广东省工业设备安装公司
徐庆华　广东省基础工程公司
梁　亮　广东梁亮建筑工程有限公司
王洪标　广东敦庆建筑工程有限公司
章海兵　广东省源天工程公司
郑龙辉　广州市金辉建筑置业有限公司
朱长江　深圳市建设(集团)有限公司
林华月　深圳市建工集团股份有限公司
陈宏峰　深圳市建工集团股份有限公司
刘　波　深圳市建工集团股份有限公司
彭　刚　深圳市晶宫设计装饰工程有限公司

王晓辉　深圳市晶宫设计装饰工程有限公司
李松峰　深圳市美芝装饰设计工程有限公司
陈远仁　深圳市美芝装饰设计工程有限公司
方　芳　深圳市智宇实业发展有限公司
王惠滔　深圳市卓艺装饰设计工程有限公司
曾佑铭　深圳市卓艺装饰设计工程有限公司
罗　璇　深圳市科源建设集团有限公司
陈展群　广东建华装饰工程有限公司
黄志雄　汕头市达濠市政建设有限公司
黄文铮　佛山市工程承包总公司

广西壮族自治区(13名)

肖玉明　广西建工集团第一建筑工程有限责任公司
徐木新　广西建工集团第一建筑工程有限责任公司
温岳斌　广西建工集团第三建筑工程有限责任公司
侯立林　广西建工集团第五建筑工程有限责任公司
陈裕良　广西建工集团第二建筑设备安装工程有限责任公司
庞洪锋　广西华宇建工有限责任公司
陆原恩　广西路桥建设有限公司
龙　勇　广西壮族自治区公路桥梁工程总公司二分公司
赵仁远　广西建宁输变电工程有限公司
廖立波　广西壮族自治区冶金建设公司
梁振南　南宁市建筑安装工程有限责任公司
杨超灵　桂林建筑安装工程有限公司
王海松　中国石油天然气第六建设公司

海南省(6名)

林　冶　海南省第一建筑工程公司
李　勇　海南省第二建筑工程公司
王　伟　海南省第五建筑工程公司
姚　胜　海南省第五建筑工程公司
庄学添　海南盛达建设工程集团有限公司
庄学山　海南盛达建设工程集团有限公司

四川省(20名)

廖　军　中国华西企业有限公司
何大平　四川华西集团有限公司第十二建筑工程公司
肖鑫文　四川华西集团有限公司第十二建筑工程公司
陈　勇　四川省第一建筑工程公司
谈　磊　四川省第三建筑工程公司
倪　伟　四川省第三建筑工程公司上海公司
阮章华　四川省第六建筑有限公司
郑　平　四川省第十一建筑有限公司
于诗登　四川省建筑机械化工程公司
陈家昆　成都市第一建筑工程公司
侯开田　成都市第三建筑工程公司
廖晓东　成都市第四建筑工程公司
吴国荣　成都市第四建筑工程公司
李　祥　成都市第五建筑工程公司
王　翔　成都建工路桥建设有限公司
罗先周　成都建工路桥建设有限公司
樊　睿　成都建工装饰装修有限公司
黄金平　四川路桥桥梁工程有限责任公司
蔡学彬　四川省场道工程有限公司
张次民　中铁二局股份有限公司

贵州省(7名)

邹国强　贵州建工集团总公司
胡湛军　贵州建工集团总公司
贾建祥　贵州建工集团第二建筑工程公司
邹立新　贵州建工位置第四建筑工程公司
罗朝文　中国水利水电第九工程局有限公司基础处理分局
钱优青　七冶建设有限责任公司
刘大能　七冶建设有限责任公司

云南省(5名)

夏培达　云南建工集团第十建筑有限公司
代绍海　云南建工水利水电建设有限公司
章志杰　西南交通建设集团有限公司
洪文斌　昆明市市政工程(集团)有限公司
牛　全　十四冶建设云南第一建筑安装工程有限公司

陕西省(15名)

薛永武　陕西建工集团总公司
吕军政　陕西建工集团总公司

齐科武　陕西建工集团总公司承包二部
黄小恒　陕西建工集团第一建筑工程有限公司
刘新潮　陕西建工集团第二建筑工程有限公司第十分公司
刘买娃　陕西第三建筑工程公司
冯　弥　陕西省第五建筑工程公司
杨海生　陕西省第六建筑工程公司
王瑞良　陕西建工集团第七建筑工程有限公司
孔德荣　陕西省第八建筑工程公司
岳卫东　陕西省机械施工公司
张新义　中铁一局集团有限公司城轨分公司
张胜利　中国水电建设集团十五工程局有限公司
赵向东　中天建设集团有限公司第五建设公司
楼敏军　广厦建设集团有限责任公司西安公司

甘肃省(15名)

庄明兴　甘肃第一建设集团有限责任公司
董志勇　甘肃省第二建筑工程公司
王希明　甘肃第四建设集团有限责任公司
满吉昌　甘肃第四建设集团有限责任公司
强生垠　甘肃第六建筑工程股份有限公司
朱　平　甘肃路桥建设集团
李军辉　甘肃机械化建设工程有限公司
祁迎喜　甘肃机械化建设工程有限公司
张全虎　甘肃中瀚建筑工程有限公司
张全喜　兰州市第一建筑工程公司
赵建忠　兰州二建集团建隆工程有限公司
贾东章　兰州市政建设集团有限责任公司
何祖民　兰州市政建设集团有限责任公司
安玉成　八冶建设集团有限公司
郭忠浩　二十一冶建设有限公司

青海省(3名)

李玉宝　青海省建筑工程总承包有限公司
窦子贤　青海方园建筑工贸有限责任公司
仲福权　青海油田工程建设公司

新疆维吾尔自治区(6名)

李旭发　新疆建工集团第一建筑工程有限责任公司
彭　勃　新疆建工集团第一建筑工程有限责任公司
张传灵　新疆九洲建设集团有限公司
刘　川　新疆通汇建设集团有限公司
来德志　永升建设集团有限公司
谭周裕　新疆七星建工集团有限责任公司

中国铁道工程建设协会(14名)

王立平　中国中铁股份有限公司
孙玉国　中国中铁股份有限公司工程建设分公司
杨美福　中铁一局京石项目指挥部
卢永吉　中铁九局集团第一工程有限公司
由胜巍　中铁九局集团第六工程有限公司
邵汉军　中铁建电气化局集团南方工程有限公司
陈宪祖　中铁建电气化局集团南方工程有限公司
安伟光　中国铁路通信信号集团公司
兰庆锁　中国铁路通信信号集团公司北京工程分公司
荣亚清　中国铁路通信信号集团公司天津工程分公司
徐红阳　中国铁路通信信号集团公司济南工程分公司
张德生　中国铁路通信信号上海工程有限公司
王井清　中国铁路通信信号上海工程有限公司
王孟祥　中铁电气化局集团公司城铁公司

中国公路建设行业协会(2名)

郑　捷　沧州路桥工程公司
邵明炬　青岛公路建设集团有限公司

中国煤炭建设协会(12名)

俞家坤　中煤第三建设(集团)有限责任公司
王璟玥　中煤第三建设(集团)有限责任公司二十九工程处
羊群山　中煤第三建设(集团)有限责任公司七十一工程处
段新峰　中煤第三建设(集团)有限责任公司设备安装公司
陆鹏举　中煤第三建设(集团)有限责任公司三十工程处
胡传喜　中煤第五建设公司第二工程处
曹　军　中煤建筑安装工程公司
张学志　中煤第七十二工程处
马　夺　大同煤矿集团宏远工程建设有限责任公司

丁小新　大同煤矿集团宏远工程建设有限责任公司
常增波　宁夏煤炭基本建设公司
崔跃发　宁夏煤炭基本建设公司

中国化工施工企业协会(5名)

孙建国　中石化工建设有限公司
苏富强　中国化学工程第七建设有限公司
徐　健　中国化学工程第九建设公司
张松波　吉林吉化华强建设有限责任公司
文春明　中油吉林化建工程股份有限公司

中国冶金建设协会(5名)

程　彪　中国十七冶建设有限公司
彭　钟　中冶实久建设有限公司
刘兴斌　中冶成工建设有限公司
程先云　中冶成工建设有限公司
汪　杰　中冶成工建设有限公司

中国有色金属建设协会(6名)

蒋宿平　中国有色金属工业长沙勘察设计研究院岩土公司
张光炎　深圳华加日铝业有限公司
王正明　深圳金粤幕墙装饰工程有限公司
秦振伟　中国有色金属工业西安岩土工程公司
郑晓轩　西北有色工程有限责任公司
傅成禧　西北有色工程有限责任公司

解放军工程建设协会(14名)

李建军　总参三部后勤直属建筑工程处
郦光利　总装特种工程技术安装总队
李海宁　空军第一建筑安装工程总队
王建勋　空军第一建筑安装工程总队
潘业峰　空军第一建筑安装工程总队
黄业坤　中国航空港建设第二工程总队
李巧生　中国航空港建设第三工程总队
黄必斌　中国航空港建设第三工程总队
周朱仄　中国航空港建设第七工程总队
王　玮　中国航空港建设第十工程总队
邸利军　中国航空港建设第十工程总队
田大战　中国航空港建设第十工程总队
林茂光　广东新中南航空港建设有限公司
彭大勇　青岛海防工程局

中建协核工业分会(12名)

蔚荣民　核工业华南建设工程集团公司
储国华　核工业华南建设工程集团公司
臧云峰　核工业华南建设工程集团公司
廖方谞　核工业华南建设工程集团公司
张大有　核工业西南建设集团有限公司
黄建光　核工业西南建设集团有限公司
郑少龙　深圳华泰企业公司
吕　军　深圳华泰企业公司
汤亚琦　河北中核岩土工程有限责任公司
徐先锋　核工业井巷建设公司
黎瑞花　核工业金华建设工程公司
吕　研　中国核工业第二二建设有限公司

中建协石化建设分会(2名)

邸长友　中国石化集团第四建设公司
曲圣伟　中国石化集团第四建设公司

民航总局(11名)

隋玉东　中国民航机场建设集团公司
郭荣昌　西北民航机场建设有限责任公司
朱冬至　西北民航机场建设有限责任公司
李玉宏　中国航空港建设第九工程总队
吕学武　中国航空港建设第十工程总队
韩仁华　北京京航安机场工程有限公司
任惠平　北京中企建华国际工程项目管理有限责任公司
王威龙　中南航空港建设公司
潘　景　四川华西安装工程有限公司
张礼强　中国水利水电第十六工程局有限公司
戴成业　中国航空港建设总公司

中国安装协会(14名)

郭军辉　鹏达建设集团有限公司
吴少石　南通四建集团有限公司
蒋　佳　南通四建集团有限公司

钱国新 南通四建集团有限公司
李 锋 南通四建装饰工程有限公司
赵 杰 南通四建集团有限公司411分公司
李凤杰 中建八局第四建设有限公司
刘 力 中建八局第四建设有限公司
冯新林 南通鑫金建筑安装工程有限公司
赵汉祥 南通新华建设集团有限公司
夏家安 江苏江都建设工程有限公司
钱明杰 江苏江都建设工程有限公司
徐 飞 江苏江都建设工程有限公司
吴罗明 湖南顺天建设集团有限公司

中国建筑装饰协会(2名)

唐同海 广州市第三装修有限公司
何伟雄 广州市第三装修有限公司

中国建筑工程总公司(45名)

赵福明 中国建筑股份有限公司
王肇武 中国建筑股份有限公司建筑事业部
魏 宇 中国建筑装饰工程有限公司
熊小龙 中建城市建设发展有限公司
王守军 中建一局(集团)有限公司
王东宇 中建一局集团建设发展有限公司
侯本才 中建一局集团建设发展有限公司
王广利 中建一局集团第三建筑有限公司
毛世元 中建一局集团第五建筑有限公司
白文山 中国建筑第二工程局有限公司
黄 鹤 中建二局三公司
赵 勇 中建二局三公司
程惠敏 中建二局有限公司核电建设分公司
丁 威 中建保华建筑有限责任公司
肖 南 中国建筑股份有限公司央视新址总包部
陈保勋 中建三局股份工程总承包公司
钟建国 中建三局建设工程股份有限公司
朱国华 中建三局工程股份有限公司
唐道斌 中建三局建设工程股份有限公司
钟德春 中建三局装饰有限公司
张劲松 中国建筑第四工程局有限公司
毕 晟 中国建筑第四工程局有限公司
王 文 中建四局一公司广东分公司
王成汉 中建四局六公司
马小军 中国建筑第五工程局有限公司
张志远 中国建筑第五工程局有限公司
姜 旭 中国建筑第五工程局有限公司总承包公司
黄泽林 中国建筑第六工程局有限公司
夏士收 中建六局第二建筑工程有限公司
黄春生 中建六局土木工程有限公司
缑会洋 天津中建六局装饰工程有限公司
李祥芝 中国建筑第七工程局有限公司第一建筑公司
黄晓红 中国建筑第七工程局有限公司第三建筑公司
陈 斌 中国建筑第七工程局有限公司第三建筑公司
张述坚 中建八局第一建设有限公司
陈建设 中建八局第二建设有限公司
陈 斌 中国建筑第八工程局有限公司总承包公司
李 海 中建八局有限公司广州分公司
刘进贵 中建八局有限公司大连分公司
刘子成 中建八局装饰有限责任公司
徐玉飞 中建八局中南公司
刘永新 中建八局中南公司
郑光辉 中建工业设备安装有限公司
袁小东 中国建筑股份有限公司建筑事业部
卜庆龙 中国建筑股份有限公司建筑事业部

中国新兴总公司(13名)

张卫东 中国新兴建设开发总公司
刘胜军 中国新兴建设开发总公司
卢永鑫 中国新兴建设开发总公司
韩 健 中国新兴建设开发总公司
雷鸣炜 中国新兴建设开发总公司
张瑞平 中国新兴建设开发总公司
袁 政 中国新兴建设开发总公司
张俊峰 中国新兴建设开发总公司
王生辉 中国新兴建设开发总公司
万文赜 中国新兴保信建设总公司
魏洪才 中国新兴保信建设总公司
刘在栋 中国新兴保信建设总公司
尚秀君 中国新兴保信建设总公司